稻渔综合种养新模式新技术系列丛书

全国水产技术推广总站 ◎ 组编

稻鳖 综合种养

技术模式与案例

何中央 ◎ 主编

U0395230

中国农业出版社

北 京

图书在版编目（CIP）数据

稻鳖综合种养技术模式与案例/全国水产技术推广
总站组编；何中央主编 . —北京：中国农业出版社，
2019.1

（稻渔综合种养新模式新技术系列丛书）
ISBN 978-7-109-24594-5

Ⅰ.①稻…　Ⅱ.①全…②何…　Ⅲ.①稻田-鳖-淡
水养殖　Ⅳ.①S966.5

中国版本图书馆 CIP 数据核字（2018）第 210415 号

中国农业出版社出版

（北京市朝阳区麦子店街 18 号楼）

（邮政编码 100125）

策划编辑　郑　珂

责任编辑　肖　邦

北京万友印刷有限公司印刷　新华书店北京发行所发行
2019 年 1 月第 1 版　2019 年 1 月北京第 1 次印刷

开本：880mm×1230mm 1/32　印张：6.75　插页：2
字数：174 千字
定价：28.00 元

（凡本版图书出现印刷、装订错误，请向出版社发行部调换）

稻渔综合种养新模式新技术系列丛书

丛书编委会

顾　问　桂建芳

主　编　肖　放

副主编　刘忠松　朱泽闻

编　委　（按姓名笔画排序）

丁雪燕　马达文　王祖峰　王　浩　邓红兵

占家智　田树魁　白志毅　成永旭　刘　亚

刘学光　杜　军　李可心　李嘉尧　何中央

张海琪　陈　欣　金千瑜　周　剑　郑怀东

郑　珂　孟庆辉　赵文武　奚业文　唐建军

蒋　军

稲渔综合种养新模式新技术系列丛书

本书编委会

主　编　何中央　浙江省水产技术推广总站
副主编　张海琪　浙江省淡水水产研究所
　　　　马文君　浙江省水产技术推广总站
　　　　王根连　浙江清溪鳖业股份有限公司
编　者　（按姓名笔画排序）
　　　　马文君　浙江省水产技术推广总站
　　　　王根连　浙江清溪鳖业股份有限公司
　　　　何中央　浙江省水产技术推广总站
　　　　张海琪　浙江省淡水水产研究所
　　　　柳　怡　浙江省水产技术推广总站
　　　　姚高华　浙江省水产技术推广总站
　　　　黄海祥　嘉兴市农业科学研究院
　　　　蔡炳祥　德清县农业局

稻渔综合种养新模式新技术系列丛书

丛 书 序

　　21世纪以来，为解决农民种植水稻积极性不高以及水产养殖病害突出、养殖水域发展空间受限等问题，在农业农村部渔业渔政管理局和科技教育司的大力支持下，全国水产技术推广总站积极探索水产养殖与水稻种植融合发展的生态循环农业新模式，农药化肥、渔药饲料使用大幅减少，取得了水稻稳产、促渔增收的良好效果。在全国水产技术推广总站的带动下，相关地区和部门的政府、企业、科研院校及推广单位积极加入稻渔综合种养试验示范，随着技术集成水平不断提高，逐步形成了"以渔促稻、稳粮增效、质量安全、生态环保"的稻渔综合种养新模式。目前，已集成稻-蟹、稻-虾、稻-鳖、稻-鲤、稻-鳅五大类19种典型模式，以及20多项配套关键技术，在全国适宜省份建立核心示范区6.6万公顷，辐射带动133.3万公顷。稻渔综合种养作为一种具有稳粮促渔、提质增效、生态环保等多种功能的现代生态循环农业绿色发展新模式，得到各方认可，在全国掀起了"比学赶超"的热潮。

　　"十三五"以来，稻渔综合种养发展进入快速发展的战略机遇期。首先，从政策环境看，稻渔综合种养完全符合党的十九大报告提出的建设美丽中国、实施乡村振兴战略的大政方针，以及农业供给侧改革提出的"藏粮于地、藏粮于技"战略的有关要求。《全国农业可持续发展规划（2015—2030年）》等均明确支持稻渔综合种养发展，稻渔综合种养的政策保障更有力、发展条件更优。其次，从市场需求看，随着我国城市化步伐加快，具有消费潜力的群体不断壮大，对绿色优质农产品的需求将持续增大。最后，从资源条件看，我国适宜发展综合种养的水网稻田和冬闲稻田面积据估算有600万公顷以上，具有极大的发展潜力。因此可以预见，稻渔综合种养将进入快速规范发展和大有可为的新阶段。

为推动全国稻渔综合种养规范健康发展，推动2018年1月1日正式实施的水产行业标准《稻渔综合种养技术规范 通则》的宣贯落实，全国水产技术推广总站与中国农业出版社共同策划，组织专家编写了这套《稻渔综合种养新模式新技术系列丛书》。丛书以"稳粮、促渔、增效、安全、生态、可持续"为基本理念，以稻渔综合种养产业化配套关键技术和典型模式为重点，力争全面总结近年来稻田综合种养技术集成与示范推广成果，通过理论介绍、数据分析、良法推荐、案例展示等多种方式，全面展示稻田综合种养新模式和新技术。

这套丛书具有以下几个特点：①作者权威，指导性强。从全国遴选了稻渔综合种养技术推广领域的资深专家主笔，指导性、示范性强。②兼顾差异，适用面广。丛书在介绍共性知识之外，精选了全国各地的技术模式案例，可满足不同地区的差异化需求。③图文并茂，实用性强。丛书编写辅以大量原创图片，以便于读者的阅读和吸收，真正做到让渔农民"看得懂、用得上"。相信这套丛书的出版，将为稻渔综合种养实现"稳粮增收、渔稻互促、绿色生态"的发展目标，并作为产业精准扶贫的有效手段，为我国脱贫攻坚事业做出应有贡献。

这套丛书的出版，可供从事稻田综合种养的技术人员、管理人员、种养户及新型经营主体等参考借鉴。衷心祝贺丛书的顺利出版！

中国科学院院士

2018 年 4 月

前　言

　　我国稻田养鱼历史悠久，拥有着深厚的历史文化与坚实的产业基础。2005 年，浙江省青田县稻鱼共生系统被联合国粮食及农业组织认定为全球首批四个重要农业文化遗产项目之一。

　　20 世纪 80 年代以来，传统的稻田养鱼模式经各地的大力推广，得到了快速的发展，被赋予了新的内涵。2016 年，全国已经有超过 25 个省（自治区、直辖市）开展了稻渔综合种养，建立了各种符合当地发展实际的综合种养模式与技术，稻渔综合种养面积发展到 152.1 万公顷，养殖产量达到 163.2 万吨，成为我国水产养殖绿色发展和农作制度改革与创新的成功典范。

　　稻鳖综合种养是在我国传统的稻田养鱼与中华鳖养殖发展基础上创新建立的一种稻渔综合种养模式。该模式将水稻的种植与中华鳖的养殖有机结合，建立起一种稻田生态资源的高效利用方式；从 21 世纪初被提出并得到推广应用，特别是 2010 年以来，随着稻渔综合种养模式的推广应用与养鳖业的转型发展，受到了不少地区的重视与推广。目前，稻鳖综合种养模式在浙江、湖北、湖南、安徽、江西等地推广应用，取得了良好的社会、经济与生态效益，受到广大渔农民的欢迎。

　　为总结推广稻鳖综合种养模式与技术，满足广大渔农民的需要，作者通过多年来的研究与推广实践，综合国内稻鳖综合种养的最新成果，编写了《稻鳖综合种养技术模式与案例》一书。本书重点介绍了稻鳖田间设施建设、种养品种与模式、稻鳖综合管理等关键技术并提供了部分具体案例，供广大渔农民、种植和养殖企业以及农业、水产领域的科研、推广工作者参考。

本书在编写过程中，得到了全国水产技术推广总站的指导，马达文、李建应、张江、陈睿、谈灵珍、卜伟绍、钱伦、滕跃云、徐力可及安吉县农业局水产养殖站、安吉县农业局农作站、奉化市渔业技术推广站、衢江区水产技术推广站、嘉善县水产技术推广站、象山县水产技术推广站等提供了部分案例材料，在此表示衷心感谢！

鉴于作者水平有限、编写时间仓促，书中不足之处在所难免，敬请广大读者批评指正。

编 者

2018 年 6 月

目　录

丛书序
前言

第一章　概述 ……………………………………………… 1

第一节　稻鳖综合种养的发展背景 ………………………… 1
　　一、稻鳖综合种养的基础与空间 ……………………… 1
　　二、稻鳖综合种养的发展机遇 ………………………… 6
第二节　稻鳖综合种养的环境要求与综合效益分析 ……… 9
　　一、稻田的养殖环境 …………………………………… 9
　　二、鳖及混养的种类对环境的适应性 ………………… 10
　　三、稻鳖综合种养的综合效益 ………………………… 13
第三节　发展现状与趋势 ………………………………… 18
　　一、发展现状 …………………………………………… 18
　　二、发展趋势与展望 …………………………………… 20

第二章　稻田及田间改造工程 …………………………… 21

第一节　发展的主要区域及条件 ………………………… 21
　　一、发展区域 …………………………………………… 21
　　二、稻田的基本条件 …………………………………… 22
第二节　田间改造 ………………………………………… 23
　　一、田间改造的必要性 ………………………………… 23
　　二、田间改造的主要工程 ……………………………… 24

三、防逃设施 ··· 28

四、防敌害设施 ·· 29

五、投饲台设置 ·· 31

六、监控设施 ··· 31

第三章 水稻种植与管理 ·························· 32

第一节 水稻品种选择 ································· 32

一、稻鳖综合种养对水稻品种的要求 ········· 32

二、主要品种 ··· 33

第二节 水稻种植 ······································· 37

一、水稻育秧 ··· 37

二、水稻移栽 ··· 39

第三节 水稻管理 ······································· 41

一、育秧管理 ··· 41

二、大田水稻管理 ······································ 42

第四章 鳖 的 养 殖 ································ 44

第一节 鳖的主要品种 ································· 44

一、品种的选择 ··· 44

二、鳖的主要养殖品种 ······························ 45

第二节 鳖种培育 ······································· 55

一、鳖的孵化 ··· 56

二、鳖种的培育 ··· 59

第三节 稻田养殖成鳖 ································· 75

一、鳖稻共作的养殖模式 ··························· 76

二、鳖稻轮作模式 ······································ 79

三、试点推广与应用效果 ··························· 84

第五章 鳖与其他品种的混养 ··············· 86

第一节 混养品种的选择 ···························· 86

一、品种的生物学习性 ……………………………… 86

二、混养品种的经济价值 …………………………… 87

三、混养品种的养殖基础 …………………………… 87

四、适宜混养的品种 ………………………………… 87

第二节　鳖与蟹混养 …………………………………… 98

一、以蟹为主套养鳖的混养模式 …………………… 99

二、以鳖为主套养河蟹的混养模式 ………………… 107

第三节　鳖与螯虾混养 ………………………………… 108

一、主养小龙虾套养鳖的混养模式 ………………… 109

二、主养鳖套养小龙虾的混养模式 ………………… 114

三、鳖与红螯螯虾的混养模式 ……………………… 115

第四节　鳖与青虾混养 ………………………………… 119

一、稻田清整 ………………………………………… 120

二、虾苗种的放养 …………………………………… 120

第五节　鳖与鱼混养 …………………………………… 123

一、主要混养模式 …………………………………… 124

二、主要技术要点 …………………………………… 128

第六章　常见病虫害的防控 …………………………… 131

第一节　水稻病虫害及防控 …………………………… 131

一、主要病虫害 ……………………………………… 131

二、防治方法 ………………………………………… 131

第二节　鳖的病害与防控 ……………………………… 135

一、主要病害 ………………………………………… 135

二、鳖病的防治 ……………………………………… 136

第七章　稻鳖收获 ……………………………………… 139

第一节　水稻收割 ……………………………………… 139

第二节　鳖与混养品种的收捕 ………………………… 140

    一、鳖的收捕 ·················· 140

    二、混养品种的收捕 ·················· 141

第八章　稻鳖综合种养示范园区的建设 ·················· 143

    一、示范园区的主要特征 ·················· 143

    二、园区建设的基本条件与要求 ·················· 144

第九章　典型案例及分析 ·················· 148

  第一节　稻鳖种养典型案例 ·················· 148

    一、综合性的鳖稻种养案例 ·················· 148

    二、稻鳖共作精养案例 ·················· 152

    三、不同放养密度的养殖效果对比案例 ·················· 154

    四、放养大规格鳖种养殖案例 ·················· 156

    五、放养小规格鳖种养殖案例 ·················· 163

    六、山区高山稻田生态养鳖案例 ·················· 168

  第二节　稻鳖虾共生典型案例 ·················· 171

    一、鳖青虾混养案例 ·················· 171

    二、鳖小龙虾鱼混养案例 ·················· 174

  第三节　鳖池种养典型案例 ·················· 177

    一、鳖池鳖稻鱼种养案例 ·················· 177

    二、鳖茭白种养案例 ·················· 184

    三、池塘藕鳖种养案例 ·················· 186

附录　稻渔综合种养技术规范　第 1 部分：通则 ·················· 188

参考文献 ·················· 197

第一章

概　述

第一节　稻鳖综合种养的发展背景

稻鳖综合种养是一种利用稻田将水稻种植与鳖养殖相结合的种养模式。该模式将水稻的种植与中华鳖的养殖有机结合，建立起稻田资源生态高效的利用方式，已被稻区的广大渔农民广泛接受。稻鳖综合种养的发展得益于我国悠久的稻田养鱼历史与养鳖业的转型发展要求。

一、稻鳖综合种养的基础与空间

我国稻田养鱼历史悠久，早在东汉末年《四时食制》中就有记载"郫县子鱼黄鳞赤尾，出稻田，可以为酱"。浙江省作为我国历史上稻田养鱼的重要地区，在明朝洪武二十四年《青田县志》中就有"田鱼有红黑驳数色，于稻田及圩池养之"的记载。2005 年，浙江省青田县稻鱼共生系统被联合国粮食及农业组织认定为首批全球 4 个重要农业文化遗产项目之一。

虽然我国稻田养鱼的历史悠久，但直到 20 世纪 80 年代初，在各级政府和有关机构的重视与支持下才开始快速发展。

20 世纪 80 年代初以来，经各地的大力推广，稻田养鱼得到快速发展。2016 年，全国的稻渔综合种养面积从 1983 年的 4.41 万公顷增加到 152.1 万公顷，养殖产量从 3.36 万吨增加到 163.2 万吨（图 1 - 1）。稻田养鱼的发展区域从传统的山区、半山区，扩大到平原地区的粮食主产区，目前全国已经有超过 25 个省（自治区、直辖市）发展了稻渔综合种养。

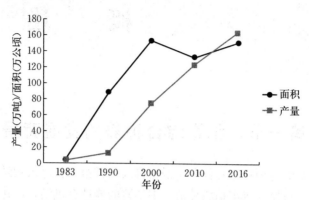

图 1-1　稻田养鱼的面积与产量（1983—2016）

回顾我国稻田养殖的发展过程，一般认为可分为传承与发展、调整与提高和稻渔综合种养三个不同的发展阶段。

1. 传承与发展阶段

20 世纪 80 年代到 20 世纪末，稻田养鱼的主要目标是提高鱼产量，以满足当地市场的需求。

此阶段稻田养鱼的目的是缓解当时的"吃鱼难"。因此，重点在于传统的山区、半山区如何提高稻田养殖的鱼产量。为此，各地在传承传统的稻田养殖习俗与做法的同时，开展了稻田养鱼新技术的集成创新与推广应用。实施了以"三改"为主要内容的稻田养鱼技术改造：①稻田改造，对传统的稻田进行改造以适合种稻养鱼。改造的主要内容包括开挖鱼沟、鱼坑，加高、加宽田埂，设置防逃设施等田间工程建设；②改善苗种放养技术，主要改变传统的放养模式，包括养殖品种、放养规格和养殖密度，从传统的直接放养鱼苗改为放养夏花鱼种或冬片鱼种并采用合理的放养密度；③改"人放天养"、不投饲养殖为适度投喂农副产品、渔用配合饲料或养萍饲鱼。一些水产养殖中半精养、精养的技术措施在稻田养殖中结合稻田的具体条件进行了集成与推广应用

（图 1-2 和彩图 1）。

政策支持与技术改造促进了全国稻田养鱼的加快发展，鱼产量得到了显著的提高。1983 年，全国稻田养殖面积 4.41 万公顷，产量 3.36 万吨；2000 年，面积达到 153 万公顷，产量 74.6 万吨，单位面积产量从 5.1 千克/亩*提高到 32.5 千克/亩。

图 1-2　山区稻田养鱼

2. 调整与提高阶段

从 20 世纪末开始到 2010 年，稻田养鱼发展到了调整与提高阶段。此阶段稻田养鱼的主要目的从缓解"吃鱼难"转向广大稻区发展效益农业，将养殖放在第一位，其主要目的是生产更多的鱼以提高农业效益、改善当地农民的贫困状况。

此阶段稻田养殖以渔为主。为获得较高的鱼产量和效益，加大了鱼坑、鱼沟的面积（图 1-3），鱼坑、鱼沟占比从 5%～10%提高到 10%～20%，有的甚至占 25%以上，一大批稻田变成了养鱼的"弹性塘"。同时，稻渔种养技术有了显著的进步，普遍采用半精养、精养方式，放养品种更多、密度更高，饲养管理进一步强化。

图 1-3　大鱼坑养鱼

稻田养鳖、稻田养蟹、稻田养虾等养殖模式开始形成。

---

 * 亩为非法定计量单位。1 亩＝1/15 公顷。——编者注

以渔为主的稻田养殖，其鱼沟、鱼坑面积占比过大（有的甚至不种稻只养鱼）以及稻田养殖的过快发展等问题引起了对水稻可持续生产的担忧。为此，稻田养鱼进行了调整，重点是通过挖掘潜力，提高产量与效益。到了 2010 年，全国稻田养殖产量达到124.2 万吨，单位产量从 32.5 千克/亩提高到 61.9 千克/亩；一些新发展的区域，红（田）鲤的单位产量普遍达到 75～100 千克/亩，实现了"千斤粮、百斤鱼"，经济效益大幅度增加，但同时养殖面积从 153 万公顷下降到 132 万公顷。

3. 稻渔综合种养阶段

水稻对于我国的粮食安全来讲至关重要。如何保持稻渔平衡，实现"政府要粮，农民要钱，社会公众要产品质量安全"成为稻田养鱼能否可持续发展的关键。从 2010 年开始，稻渔综合种养的发展理念提出并在全国进行推广（图 1-4、图 1-5）。

图 1-4　稻渔综合种养示范基地　图 1-5　全国稻渔综合种养经验交流会

稻渔综合种养的推广应用，使我国稻田养鱼的内涵发生了重大的变化。与以往发展阶段的最大区别是主要发展目标不同。稻渔综合种养发展目标是将水稻作为优先目标，保持稻渔的平衡以追求水稻的可持续发展和经济、生态的综合效益。在这一发展理念下，水稻生产的稳定与发展是第一位的，养殖只是作为稳粮增收和生态种养的手段，通过养殖促进稻的质量安全与品质，实现好的生态和经济效益。为此，明确提出了一些要求与规范。

（1）发展区域的重点不同 传统的稻田养鱼主要区域在山区、半山区，分布比较分散，基础设施条件比较薄弱，而稻渔综合种养发展的主要区域在水稻主要产区，以平原或丘陵地区为主，有集中连片、水利基础条件较好的稻田和熟练的渔农民，利于开展规模化生产与经营。

（2）鱼坑、鱼沟的面积占比有明确要求 大量的研究与试验表明，在鱼坑、鱼沟占比不超过整块稻田面积10%的情况下，由于存在水稻的边际适当密植补偿与养殖的水产品种除草、灭虫及施肥作用等，水稻产量不会受到影响，可以保障水稻的稳产。

（3）农药和化肥的使用至少可减少30%以上 鱼在稻田里能摄取害虫，鱼的排泄物是优质的有机肥料。浙江大学陈欣教授等经5年监测研究表明，在养殖的稻田中纹枯病、稻飞虱和杂草等明显下降。多年来的大量试点结果也充分说明，实施稻渔综合种养的稻田，其农药和化肥的使用可以大幅度减少，甚至可以不用农药。

（4）养殖主体要求不同 传统的稻田养鱼其养殖主体往往是分散的渔农户、个体经营户等，而稻渔综合种养往往是种粮大户、农业企业、专业合作社等。这些经营主体有实力进行良好的田间工程建设，产业化、规模化程度较高，利于产品的品牌建设及市场营销。

稻渔综合种养的发展理念有效平衡了稻与渔的关系，给传统的稻田养鱼带来了新一轮的发展。稻田综合种养面积从2010年的132万公顷增加到2016年的152.1万公顷，水产养殖产量从124.2万吨提高到163.2万吨，单位产量从61.9千克/亩提高到76.8千克/亩。

与此同时，不少水产养殖种类被引入稻田养殖，稻田综合种养的模式与品种呈现多样化发展趋势，包括稻鱼、稻鳖、稻鳅、稻蟹、稻青虾、稻鳌虾等的共作与轮作等，稻鳖综合种养是其中有代表性的模式之一。

二、稻鳖综合种养的发展机遇

1. 中华鳖养殖主要区域

中华鳖是我国传统的名贵水产品，但其大规模商业化养殖一直以来没有发展，直到20世纪80年代末90年代初，浙江省突破了温室养鳖的模式与技术，中华鳖的商业化养殖得到了快速的发展。经过短短20余年的发展，养鳖业已经成为我国重要的水产养殖新兴产业。2016年，全国养鳖总产量达34.5万吨，主要产区为浙江、湖北、安徽、江西、广西、江苏、湖南及广东等地（图1-6）。

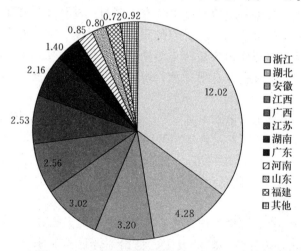

图1-6 全国中华鳖产量分布（单位：万吨）

2. 中华鳖养殖面临的困境

近几年来，随着水产养殖业转型发展的不断深入，中华鳖养殖业的发展面临困境。

（1）市场价格低迷 与2012年相比，鳖的价格发生了很大的变化。鳖蛋的价格从4.5元/个下降到1.0～1.5元/个，温室鳖的价格从50～60元/千克下降到约30元/千克、池塘鳖的价格从60～70元/千克下降到约50元/千克（图1-7、图1-8）。

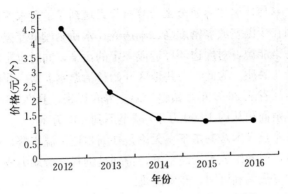

图 1-7 2012—2016 年鳖蛋价格变化趋势

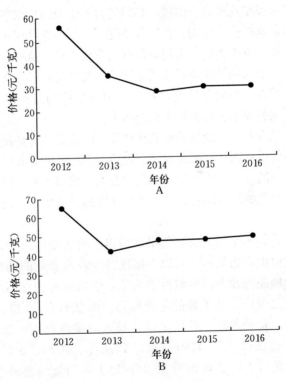

图 1-8 2012—2016 年商品鳖价格变化趋势

A. 温室鳖 B. 外塘鳖

（2）以传统温室养殖为主的养殖模式遇到了前所未有的挑战 主要原因在于温室放养密度高、不透光、水质易发臭变黑，加温用煤等高污染能源，对周边环境造成一定的污染，同时也影响了鳖的质量安全与品质。为此，一些地区开始整治温室养鳖。我国主要养鳖地区浙江省从 2013 年开始整治温室养鳖以来，到 2016 年，中华鳖温室养殖面积从约 1 600 万米^2 减至不到 400 万米^2。

（3）养殖成本居高不下 无论是外塘鳖还是温室鳖，市场价格一直低迷，但养殖成本居高不下，特别是饲料、劳动力成本等，养殖业主大多数无利可图，经营困难。

3. 稻鳖综合种养是中华鳖养殖业转型发展、走出困境的重要方向

中华鳖养殖业要走出困境，必须进行养鳖业结构调整及养殖模式与技术创新的推广应用。在这种情况下，新的养鳖模式与技术应运而生：将温室作为培养大规格鳖种的重要手段，池塘、稻田及新型的透光生态大棚等作为养殖商品鳖的主要场所，以提高鳖的规格和质量，扩大优质鳖的市场销售；大力推广应用鳖用膨化颗粒饲料，降低饲料成本和对养殖水质的污染。

稻鳖综合种养，既是养鳖业转型发展的需要，也是我国古老的稻田养鱼的模式创新。稻鳖模式虽然在 21 世纪初刚出现，但目前已经推广到浙江、江西、湖北和湖南等地。此模式的广泛推广应用得益于养鳖业的结构调整、鳖在稻田环境的适应性及其较高的经济价值。

各地的养殖实践表明，鳖摄取稻田中的害虫和杂草，鳖的排泄物为优质的有机肥料，可以大幅度减少农药和化肥的使用。同时，与大棚温室及专门养鳖池塘相比，鳖的放养密度不高，病害少，活动范围广，利于鳖的品质提高。浙江省在 21 世纪初开始稻田养鳖、鳖稻共生，开始了这一模式的集成创新与推广应用，被称为"浙江模式"，目前已推广到江苏、江西、安徽、湖南、湖北及广东等省，养殖面积 20 万亩以上。稻鳖综合种养给养鳖产业结构的调整提供了一个可看、可学、可复制的模式，具有广阔的发展空间。

第二节　稻鳖综合种养的环境要求与综合效益分析

一、稻田的养殖环境

稻田与其他养殖水体主要的不同是水位浅且不稳定，同时水稻对于水位的要求与养殖品种有所不同。因此，稻田环境对水产养殖的品种来讲并不十分理想。稻田中不稳定的浅水位对水温、溶解氧及田间生物等影响较大，从而影响稻田中养殖的鳖与其他水产动物。

1. 水温

稻田中水温的变化较大。在水稻种植季节，稻田的水位一般在15～35厘米，总体上适合多数水产养殖品种。但由于稻田水位浅，水体对水温变化的缓冲作用减弱，水温直接受气温和光照的影响，变化较大。据测定，7—8月，浙江的稻田昼夜水温在下午3时最高，凌晨3—6时最低，温差在4.5～14.6℃。盛夏期间，气温高、光照强，连作晚稻田由于缺乏水稻的遮阴，水温会超过40℃。在气温32～37℃的晴天，稻田水位10厘米时，稻田的水温可高达40～45℃。这超出了许多水产养殖种类的温度极限，特别是虾、蟹等，如不采取措施可能造成这些水产动物的死亡。因此，要建设沟、坑等设施。

2. 溶解氧

稻田中的溶解氧主要来源于稻田中植物的光合作用产生的氧气和空气中的氧气溶入。稻田水浅，与空气接触面较大，溶解氧含量变化较大，既容易从空气中溶入也容易随着气温的升高、气压的下降而逸出。据测定，稻田中的溶解氧含量变化范围在2.25～10.7毫克/升，基本适合水产养殖品种的生长。在7—8月高温季节，溶解氧含量只有2.56～5.96毫克/升，如果遇上闷热、雷阵雨、气压低等不良的天气条件时，水中溶解氧含量会下降到养殖品种的"浮头"溶解氧含量阈值。虽然鳖耐低溶解氧能力强，但对混养的其他品种如虾、蟹等影响较大，虾在水中溶解氧含量 2 毫克/升时就会"浮头"，其窒息点分别为幼虾 1.12 毫克/升、成虾 1.0 毫克/升、抱卵虾 0.98 毫克/升。

3. 田间生物

稻田中的生物种类较多，除了作物及微生物外，主要有浮游生物、水生植物、昆虫、底栖生物等，其中水生植物、昆虫和底栖生物为养殖种类的主要天然饵料。水生植物中，水竹叶、矮慈姑及鸭舌草等为优势种类；昆虫和底栖动物主要有水蚯蚓、田螺、水稻害虫等。

二、鳖及混养的种类对环境的适应性

如上所述，稻田的环境并不十分适合养殖，但通过适当改造环境条件可以实现稻鳖综合种养。稻鳖综合种养是根据水稻种植所需要的自然条件与中华鳖生活习性，在同一稻田或鳖池中进行水稻种植与鳖的养殖，既可以利用稻田养鳖，实现鳖稻共作或轮作，也可以进行鳖池种稻，达到一田（池）多用，提高经济与生态效益的目的。

1. 水稻与鳖对季节与环境的要求

水稻品种多、分布广，在我国种植季节南北差异很大，一般珠江流域在 3 月可以插秧，而在长江流域要到 4 月上中旬。

中华鳖属于变温动物，养殖的季节在长江流域为一般为 5—10 月，而在珠江流域为 3—11 月。

2. 稻田环境及养殖品种的适应性

在单一水稻种植的稻田，稻田的环境对水产经济动物并不十分合适。水稻田的功能定位是水稻种植。种植水稻对水的要求不如水产养殖品种高，也无需防逃等，田间设施相对简单。稻田水浅而且不稳定，在不同的生长期有不同的要求。稻与鳖或其他混养的水产经济动物在同一田块中进行种植与养殖，在种植、养殖过程中均需要进行各种生产操作。水稻种植从田间平整、播种插秧开始一直到成熟收割，需要进行一系列的田间作业，如病虫害防治、施肥及水位管理等。插秧时水位要浅，在水稻拔节分蘖时要放水搁田，在水稻收割时要将水放干等。因此，稻田环境的变化较大，特别是水位与水温的变化大。如种双季稻的稻田在夏季早稻收割后最高水温可达 $40 \sim 45 \, ℃$，水中溶解氧含量在高温时仅 $2.56 \sim 5.69$ 毫克/升，这种环境对于一般的稻田养殖品种如不采取相应的措施则难以生存。田鲤、黄颡鱼、鲫对环境适应性强，但不能离水成活；小龙虾（学名为克氏原螯虾）、河蟹（学名为中华绒螯蟹）虽然能短时离水爬行，但其摄食、生长也要在环境良好的水域环境中。因此，既要选择对环境适应性强的品种，又要对以种植为主要功能的稻田进行田间工程设计，开挖一定面积的沟、坑，改善稻田养殖环境，设置一些防逃设施及水利排灌设施等，使稻田的环境经过改造适合于水产经济动物的养殖。

3. 中华鳖及套养种类对稻田环境的适应性

（1）中华鳖　中华鳖属于爬行动物，与其他水产养殖品种相比，能爬行，用肺呼吸，对环境特别是对水温、水位及溶解氧的变化适应能力强，适合在稻田环境中养殖。

①鳖对水稻的适应性　鳖主要栖息在环境安静、通风良好、光照充足和饵料丰富的环境中。鳖喜静怕惊，喜洁怕脏，喜阳怕风，喜暖怕寒。鳖属偏肉食性的杂性动物，食性广，以动物性食物为主，在饵料缺乏时也摄取一些植物性饵料，如水草、谷类、瓜果等。鳖十分贪食而凶残，常常会因争食而咬斗、残杀，但又具有极强的耐饥饿能力。水稻能为鳖遮阴，提供避难所；而鳖可为稻田疏松土壤，捕捉害虫，其排泄物也是良好的有机肥料。因此，稻鳖可以实现共生互利。

②鳖对温度的适应性　鳖是变温动物，温度适应性强，其体温和代谢机能随着环境温度的变化而变化，当水温降低至 $20 \, ℃$ 以下时，代谢活动降低；低于 $15 \, ℃$ 就停止摄食，$12 \, ℃$ 开始潜伏于泥

沙中，低于 10 ℃则完全停止活动和觅食，进入冬眠状态。整个冬眠期在长江流域为 5～6 个月。每年 3 月当外界温度升高后，鳖逐渐苏醒，并开始活动、摄食。鳖的生长温度为 20～36 ℃，较适宜的温度为 28～33 ℃。而 3 月底 4 月初也是长江流域水稻秧苗播种与生长期，水稻分蘖生长最适温度为 30～32 ℃。因此，鳖、稻的生长期基本相同。

③ 鳖对稻田浅水环境的适应性　鳖有晒背的习性，短时间的高温并不影响鳖的生存，当稻田水温在短时间达到 40 ℃情况下，也能成活。中华鳖适应在水位较浅的稻田中生长，在离水情况下也能较长时间成活。当稻田搁田或收割时，开挖的沟、坑为鳖提供了更好的栖息环境，鳖可栖息在鱼沟、鱼坑中。溶解氧一般是影响水产养殖动物的生长发育和生存的关键因素。稻田水体中的溶解氧含量受天气、水位及昼夜变化等影响很大。鳖不同于鱼类等养殖动物，用肺呼吸，能较长时间离水成活，水体中的溶解氧含量高低不会直接影响鳖的生存。

（2）对主要混养品种的影响　在稻渔综合种养模式中，混养的品种主要是一些市场销售好、价格较高的种类，如河蟹、鳌虾、青虾等甲壳类，以及田鲤、鲫、泥鳅等鱼类。稻田本身水浅，在水稻田间管理期间水位的降低或搁田会对这些混养的品种产生较大的影响。例如，河蟹在溶解氧含量低于 3 毫克/升时，摄食量下降；青虾对水中的溶解氧含量要求较高，当溶解氧含量低于 2 毫克/升时开始"浮头"，低于 1.1 毫克/升时会窒息死亡。在稻渔综合种养模式中，为满足水稻的生长发育，需要进行如施肥、病虫防治及搁田晒田等田间操作，这些都直接影响混养品种的生长发育甚至生存。因此，既要选择对环境适应性强的品种，又要对以种植为主要功能的稻田进行田间工程设计，开挖一定面积的沟、坑，改善稻田养殖环境，设置一些防逃设施及水利排灌设施等，使稻田的环境经过改造适合于这些水产经济动物的养殖。

三、稻鳖综合种养的综合效益

稻鳖综合种养模式从 21 世纪初形成，推广应用虽时间不长，但已初步显示出良好的综合效益，为稻区农民实现农业结构调整、养鳖业的转型发展提供了有效的路径，成为经营稻田达到"政府要粮、农民要钱、社会公众要产品质量安全"目标的成功范例。

（一）稻田为鳖的生态养殖提供了巨大的发展空间

我国是世界上主要水稻生产国，水稻种植面积大，达 4.3 亿～4.5 亿亩，分布广。经过长期的农田水利基础设施的建设，水稻田水利条件较好，多数能旱涝保收。稻田经过改造，包括鱼沟、鱼坑的开挖、防逃设施和排灌设施的建设、田埂的加固加高等，一般能适用于稻渔综合种养。初步估计约有 60％水稻田适合进行稻渔综合种养，为稻鳖模式的推广应用提供了巨大的发展空间。

（二）稻鳖互利共生

在单一种植水稻的稻田，水稻是稻田生态系统中唯一的主体，其他各种动物如底栖动物、各种昆虫、杂草等虽然是整个稻田生态系统的组成，但均是这一系统中的能量、空间的消费者与竞争者。鳖的生物学习性决定了其适合于稻田的环境。将鳖放养在稻田里，打破了稻田原有的生态，鳖可充分利用稻田中的各类底栖动物、昆虫、杂草等资源，达到一田多用、资源综合利用的目的。

1. 稻田养成的鳖品质好

稻田环境与养鳖池不同，底质无淤泥，病原少，鳖发病少，成活率也高，而且放养的密度也相对较低，一般情况下除放养前的鳖体消毒及稻田消毒外不需要专门用药。由于有较为充足的阳光、晒背方便，鳖的体表光滑、色泽好，与野生鳖相似。鳖在稻田中能摄食各种天然饵料，包括各种底栖动物、螺、昆虫等，加上全人工配合饲料，营养更全面更丰富。鳖在稻田中密度相对较低，活动范围大，爬动多，鳖的病害少，品质较好。

2. 减少了化肥的使用

鳖的排泄物是良好的有机肥。鳖稻共生期间，鳖不间断地为水稻施肥。稻鳖种养稻田每亩插秧约 1 万穴，可放养鳖种约 500 只，相当于每只鳖种"管理" 20 穴左右的水稻。鳖一般只能利用 30% 左右的饲料中的氮，70% 左右的氮将以排泄物排出体外肥田。鳖的残饵、排泄物是优质的有机肥料，可以起到肥田作用；鳖的活动有效改善稻田土壤的理化性状，有利于肥料和氧气渗入土壤深层，增加水稻对氮的直接吸收，同时通过对杂草等的遏制作用，减少了肥料流失，提高了肥效。一般鳖稻共作的稻田与单种水稻田相比，可少用化肥一半以上。

据笔者 2015 年对浙江省德清县 15 个稻鳖（虾）共生、稻虾轮作等新型种养模式示范点进行土壤取样测试调查结果：稻鳖（虾）种养模式相比项目实施前，每千克土壤有机质含量从 28.19 克提高到 37.01 克，增加 31.3%；全氮含量从 1.98 克到 1.94 克，略有下降；速效钾含量从 80.79 毫克提高到 177.51 毫克，增加 119.7%；有效磷含量从 5.35 毫克提高到 29.85 毫克，增加 4.6 倍；土壤酸碱度从 6.1 提高到 6.38，增加 0.27 个单位；标准农田地力指数因此提高 0.06。据统计，德清县 2009 年、2011 年涉及标准农田质量提升项目采用新型种养模式的总面积有 14 056 亩，这些区域通过数年的地力培肥，综合地力指数均达到一等标准农田水平，实现了标准农田质量提高一个等级目标。

常见的几种种养模式在 2010—2013 年这几年中肥料的使用与本地单种植水稻稻田的对照情况见表 1-1。稻渔综合种养模式养殖的品种虽然不同，但均可以大幅度降低化肥的使用量。在德清县稻鳖种养模式中，三年中一直没有使用过肥料；在其他地区的不同种养模式中，化肥减少用量幅度在 44.4%～88.9%。

表 1 - 1　几种不同种养模式与本地单种植水稻稻田肥料的
使用对照情况（2010—2013 年）

模式	试点单位	年份	肥料平均使用情况		
			稻鱼共生田块（千克/亩）	对照单种稻田块（千克/亩）	降低（%）
稻鳖共生	德清清溪鳖业有限公司	2010	未使用	45	100
		2011	未使用	40	100
		2012	未使用	40	100
		2013	未使用	50	100
稻鱼共生	景宁自强稻田鲤鱼养殖专业合作社	2010	55	120	54.2
		2011	55	110	50
		2012	55	120	54.2
		2013	55	145	62.1
稻鳅共生	兰溪市清丰粮食专业合作社	2010	25	75	66.7
		2011	25	75	66.7
		2012	25	75	66.7
		2013	35	77.5	54.8
稻虾轮作	绍兴富盛青虾养殖合作社	2010	14	45	68.9
		2011	25	45	44.4
		2012	5	45	88.9
		2013	10	50	80

3. 控制或减少水稻的病虫害和杂草

鳖食性杂，在稻田中直接摄取稻田中的害虫、底栖动物及杂草等，鳖的排泄物可作为优质的有机肥料，减少农药与化肥的使用；同时，稻田经过田间工程建设改善了条件，并采用了相应的种植技术与措施，如合理稀植以增加通风、透光条件等，增加了水稻的抗病性；另外，由于化肥与农药的使用减少，原先被农药杀灭的害虫天敌重新回到稻田，又起到了自然防控作用。通过笔者多年来对浙江德清稻鳖共生模式两迁害虫的虫情发展趋势进行监测，发现采用生态控制技术后，两迁害虫虫卵量一直在可控范围内，呈现出较好的生态抑制作用，与病虫观测圃中的趋势相吻合，且虫情基数更低，表现为生态控制有时比药剂防治更好的特征（图1-9、图1-10）。

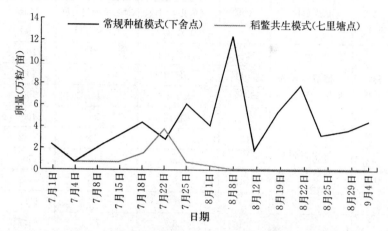

图1-9 2013年稻鳖共生模式田与常规种植稻田稻纵卷叶螟卵量对比

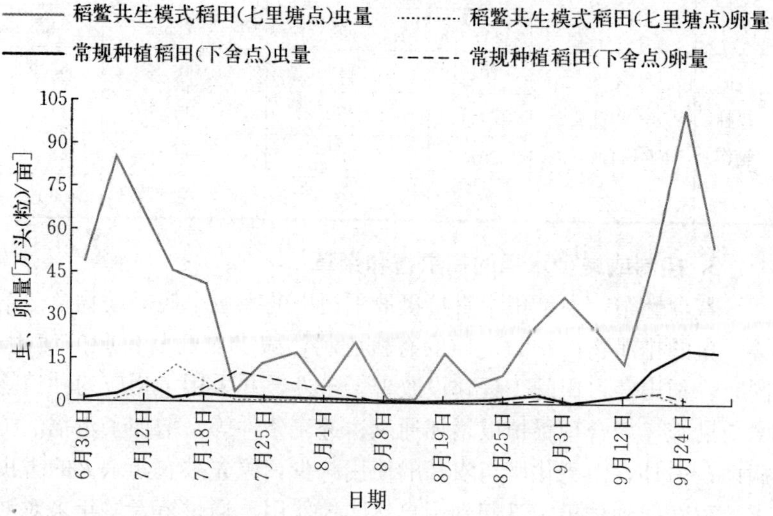

图1-10 2013年稻鳖共生模式田与常规种植稻田稻飞虱虫、卵量对比

单一种稻的稻田，一般一年要打农药4～6次，而养鳖的稻田只需要1～2次，甚至不使用农药。在稻鳖、稻鱼、稻鳅和稻虾种养模式中，与本地周边单种水稻的稻田相比，农药的使用量均显著减少。在德清鳖稻种养模式试点连续4年不打农药，水稻均达到理想的产量（表1-2），2 000余亩的单季水稻平均亩产500～600千克，与当地不养鳖的高产稳产田相当。其他几种模式农药使用次数减少50%～83.4%。

表1-2　几种不同的种养模式的农药使用对照情况

模式	试点单位	年份	农药（含除草剂）平均使用情况		
			稻鱼共生田块（次）	对照单种稻田块（次）	降低（%）
稻鳖共生	德清清溪鳖业有限公司	2010	不使用	4～6	100
		2011	不使用	5～6	100
		2012	不使用	4～5	100
		2013	不使用	4～5	100
稻鱼共生	景宁自强稻田鲤鱼养殖专业合作社	2010	2	6	66.7
		2011	1	5	80
		2012	1	4～5	＞75
		2013	2	6	66.7
稻鳅共生	兰溪市清丰粮食专业合作社	2010	2	6	66.7
		2011	2	5	60
		2012	1	5	80
		2013	2	4	50
稻虾轮作	绍兴富盛青虾养殖合作社	2010	3	6	50
		2011	2	6	66.7
		2012	1	6	83.3
		2013	1	4	75

4. 提高产品品质

鳖稻综合种养可以不使用或少使用农药、化肥，大幅度降低了农业的面上污染，降低了稻、鳖的质量安全风险。经笔者单位多次检测，稻、鳖产品质量安全，符合绿色食品的质量标准。另外，由于稻田中华鳖的放养密度较低，稻田水位浅、晒太阳时间多、活动空间大及捕食各种新鲜的天然饵料，鳖的色鲜亮、品质佳，一些养殖业主以此为基础做成品牌米、品牌鳖，实现了优质优价，显著提高了种粮养鳖的综合效益。

第三节　发展现状与趋势

一、发展现状

浙江省于 21 世纪初开始鳖稻综合种养模式的试点示范，2010年开始大面积推广与应用。在短短几年时间里，此模式迅速在全国得到推广与应用。到目前止，已推广到湖北、江西、安徽、江苏、广东、湖南等主要养鳖区，其中以湖北、浙江、江西、安徽等地为主要区域，推广面积约有 20 万亩。当前，鳖稻综合种养已发展出三种主要模式。

1. 鳖稻共作模式

即在同一稻田中进行鳖的养殖与水稻种植（图 1-11）。这一模式的优点在于：鳖稻几乎在同一生长季节实现互利共生，达到稻田资源的有效利用。在这一模式中，水稻的产量一般要求不低于当地的平均水平，在浙江单季水稻亩产 500～600 千克、鳖净产量 100～150 千克。有两种放养方法：①放养鳖种，鳖种规格在 0.4～0.5 千克，当年养成规格为 0.75 千克以上的商品鳖；或鳖种规格在 0.15～0.25 千克，2 年养殖商品鳖。②放养稚、幼鳖，

图 1-11　鳖稻共作

将当年7—8月孵化出的稚鳖，经暂养培育后放入稻田，经3年左右的分级养殖，养成0.5～0.75千克的商品鳖。目前以放养大规格的鳖种养殖成鳖较为常见。

2. 鳖稻轮作模式

鳖稻轮作模式指水稻与鳖在同一田块或池但不在同一年或同一季节种植、养殖，实现一季（年）水稻一季（年）鳖的轮换（图1-12）。本模式的优点在于：稻田经1～2个养殖周期后，土壤中积累了一定的肥力和病原菌，这时如再进行第二轮养鳖，则鳖容易发病。如果改种水稻，则水稻可以很好地吸收土壤中积累的有机物，少施肥或无需施肥；水稻收割后再放养鳖，由于土壤中有机物减少，可以减少鳖的病害。一般是在鳖池经过多年养殖后，池底淤泥沉积到一定厚度，积累大量有机物和各种病原体，容易发生鳖病的情况下，开展鳖池中鳖与稻的轮作。

图1-12 轮作时种植水稻

对于一些基础设施较好但土壤肥力不足的稻田，也可以进行一季以鳖为主、稻鳖共作的鳖稻轮作，通过较高密度的鳖的精养，来改善稻田的土壤结构、提高土壤肥力。

3. 鳖稻与其他品种综合种养模式

在养鳖稻田中，鳖为主要养殖品种，套养一些其他品种，形成一种以鳖为主，其他品种如河蟹、小龙虾、青虾等混养的鳖稻与其他品种结合的综合种养模式（彩图2）。鳖与其他品种的混养一般以鳖为主，其他品种为套养，但也有以其他品种为主、鳖为套养的养殖模式。

二、发展趋势与展望

稻渔综合种养传承了我国悠久的稻田养鱼历史，稻鳖综合种养作为一种新兴的养殖模式得到普遍的推广与应用。在我国粮食安全中水稻位列首位，单种水稻效益低，影响农民种植水稻的积极性。稻鳖综合种养模式在不影响水稻生产的情况下能显著提高收益，能有效提高农民种粮的积极性。在当前水产养殖生态优先的发展理念指导下及养鳖业面临转型发展的情况下，稻鳖综合种养模式提供了生态利用稻田资源发展水产养殖业的成功范例，具有广阔的发展前景。

（1）生态农业的发展为稻田综合种养模式的发展提供了难得的机遇　实现农作制度的改革，大力发展绿色、循环农业是我国现代农业发展的必由之路。稻鳖综合种养模式为这一发展提供了可行的途径。

（2）目前我国的养鳖业正面临转型发展的关键时期　出于对环境污染、产品质量安全等的担忧，传统的养鳖温室正在被整治、拆除。调整以传统的温室养殖为主导的养殖结构，建立以新型大棚温室培育大规格鳖种，用池塘、稻田等养殖商品鳖的"二段法"养鳖和稻鳖综合种养模式等被认为是养鳖业结构调整的主要方向。

（3）稻鳖综合种养取得了良好经济与生态效益　稻鳖综合种养模式中产出的大米与鳖，均为优质产品，经过包装和市场营销，实现优质优价，社会、经济效益显著。

在推广应用的同时，需要进一步提高与完善稻鳖综合种养模式的技术集成与创新，重点是水稻与鳖品种的选择与培育，选育出更适合于稻鳖综合种养环境的好品种，优化种植与养殖技术的集成与融合，特别是水稻田间操作、种养茬口管理、合理的放养密度与规格等。

第二章

稻田及田间改造工程

第一节　发展的主要区域及条件

稻鳖综合种养主要在传统中华鳖养殖区域发展，也可在符合条件的其他稻区发展。

一、发展区域

据相关资料，我国水稻种植总面积4.3亿～4.5亿亩。作为我国主要的粮食生产场所，国家一直以来投入了大量的资金用于农田基本建设，大多数稻田水利设施良好，旱涝保收。2016年，我国稻田养鱼的发展区域从传统的山区、半山区扩大到平原地区的粮食主产区，目前全国已经有25个以上的省（自治区、直辖市）发展了稻渔综合种养，面积约2 300万亩，主要分布在降水量和有效灌溉面积高的稻作区，其中四川、湖北、湖南、贵州、云南、江苏、浙江、安徽、江西和辽宁列前10位（图2-1）。

中华鳖是我国重要的新兴水产养殖品种之一，属于喜温暖狭温性动物，较适养殖水温为28～33 ℃，冬季有冬眠习性，易受低温限制。目前主要发展区域在长江中下游和珠江流域，稻鳖综合种养模式目前主要在浙江、湖北、福建、江苏、江西等地发展。

中华鳖在水温22 ℃以上时摄食开始活跃，放养时间从南到北多在4月下旬至6月中下旬。因此，鳖的放养既要根据水稻的插秧

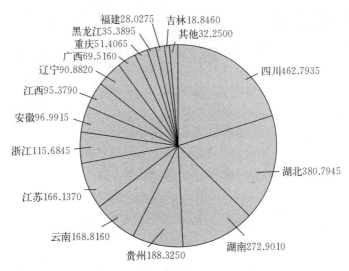

福建28.0275　吉林18.8460
黑龙江35.3895　其他32.2500
重庆51.4065
广西69.5160
辽宁90.8820
江西95.3790
安徽96.9915
浙江115.6845
江苏166.1370
云南168.8160
贵州188.3250　湖南272.9010
四川462.7935
湖北380.7945

图2-1　2016年全国稻田养殖区域分布（单位：万亩）

时间，也要根据稻田水温的情况决定。当稻田的水温稳定在22 ℃以上时可以放养。一般在从事稻渔种养的区域都有稻鳖综合种养的基本条件，但考虑到中华鳖产业的发展基础、气候条件等因素，适宜养殖的地区为华南、华中及华北稻作区的中稻稻田以及西南中稻稻田等，特别是我国主要养鳖区域的稻区。

二、稻田的基本条件

1. 稻田选址

中华鳖喜静怕惊、喜阳怕风，养殖的池塘或稻田应选择在环境比较安静，且远离噪声大的公路、铁路、厂矿的地方，地势应背风向阳，避开高大建筑物。稻田周边基础设施条件良好，水、电、路及通信设施基本具备，且有供电保障。

2. 稻田条件

稻鳖综合种养稻田的基本条件是：

（1）水源　要有充足的水源。虽然水稻田水利设施良好，但水产养殖不同于水稻种植，对水的要求更高，既不能缺水，也不能发生洪涝，养殖的稻田应有良好的水利灌溉系统。

（2）水质　水源的水质要好，无农药、重金属及其他工业的污染源，水质应符合国家渔用水源水质标准。

（3）稻田的保水性　养殖稻田水位较浅，在养殖期间保持水位十分重要。如果稻田渗漏、保水性差，水位保不住，造成水位不稳定，需要频繁加水，则增加操作难度。因此，稻田土质以保水性好的土壤为好，如黏土、壤土等为佳。

（4）稻田要求集中连片　过于分散不利于规模化养殖与管理，单个田块的面积要因地制宜，能大则大，方便机械操作。

第二节　田间改造

田间改造指的是对原有稻田按照稻鳖综合种养的要求，进行包括稻田田埂、鱼沟、鱼坑、防逃设施、排灌水渠等的田间工程建设与改造，使原有的稻田环境更适合于稻鳖综合种养的要求。

一、田间改造的必要性

对鳖稻综合种养稻田进行的田间改造，是将原来只适合于水稻种植的稻田改造成既可种稻、又能养殖。稻田的基本功能是种植水稻。在单一的水稻种植田块，稻田的建设与改造主要考虑如何满足水稻的种植与生长对稻田条件的要求。对于鳖与套养的品种来讲，其对栖息生长环境的要求与水稻不尽相同。在水稻田间管理期间，一些田间操作对养殖的鳖及套养品种十分不利，有的还会危及生存，如搁田、灌浆、收割等。田间改造可以建造鳖与套养品种在搁田、收割等作业时的栖息场所，尽量满足稻与鳖对稻田环境与条件的不同需求，协调缓解在种养过程中因种、养作业产生的矛盾。因此，这是稻鳖综合种养成败的基础性工作。

二、田间改造的主要工程

稻田田间改造的目标主要包括田埂、进排水沟渠、鱼沟、鱼坑、防逃设施、防敌害设施等。

(一) 田埂

田埂的主要功能是区隔稻田田块,对于这类功能田埂的建设要求相对低些,而有一些田埂同时作为机耕路或进出种植、养殖场所的主要道路,则建设要求要高一些。因此,由于田埂承担的功能不同,其建设的标准与要求也不一样(图2-2)。

图2-2 田埂硬化

田埂的改造一般与鱼沟、鱼坑的开挖同时进行。利用挖坑、沟的泥土加宽、加高、加固田埂,既解决了田埂改造泥土的来源,又解决了鱼沟、鱼坑开挖后泥土的去处与田面的平整问题。

单一种稻的稻田,对稻田的水位要求不高,田埂的建设比较简单,而对于鳖稻共作的稻田,鳖及混养的水产品种对水位有一定的要求,主要田埂还要作为机耕路或进出道路使用,因此,对田埂的建设要求较高。

1. 田埂高度

稻鳖综合种养田块的田埂一般要高出水稻田0.4~0.5米,能保持稻田水位0.3~0.4米;稻鳖精养田块要求在0.5~0.8米。田埂较高,可以保持相对高的养殖水位,特别是当水稻收割后,可以蓄水养殖。

2. 田埂的宽度

普通的田埂仅供田块之间的区隔和工作人员的行走。田埂面宽不必过宽,人畜行走方便就行。稻田田块面积大的可以宽一些。一般田埂面的宽度可在 1.0～1.5 米。

作为机耕路或主要道路使用的田埂，要通农机和运输车辆，部分还要绿化，在两边种一些花木，要求田埂面宽度为 2.5～3.0 米，作为主要道路的在 3～4 米（彩图 3）。

3. 田埂的质量要求

田埂的土质要不渗水、漏水，一般以黏土、壤土等为好，泥土要打紧夯实，确保堤埂不裂、不垮、不漏水，以增强田埂的保水和防逃能力。池堤坡度比为 1：（1.0～1.5）。田埂内侧宜用水泥板、砖混墙或塑料地膜等进行护坡，防止田埂因鳖的挖、掘、爬行等活动而受损、倒塌，并用沙石或水泥铺面。作为机耕路或主要道路的，则要求沙石垫铺，用水泥或沥青铺面。

（二）进排水设施

1. 水源与机埠

稻田的水源供给与排涝条件一直以来是农田水利设施建设的重点，主要包括机埠、进排水沟、渠及进出水口等。机埠一般建在取水的水源地，水源地应是水源充足且水质符合国家渔业水质标准的江河、湖泊或与此相连的河道等，进水沟、渠或管道将水引至稻田边，经进水口灌入稻田。稻田排水时通过排水口、排水渠或管道排水。进排水系统宜分开设置，但对于一般的稻鳖养殖田块也可以通用。

2. 进排水沟（渠）、管

进排水沟、渠可以用 U 形水泥预制件、砖混结构或 PVC 塑料管道建成。沟、渠的宽度、深度根据养殖稻田的规模大小而定，一般深在 60～70 厘米，宽度在 50～60 厘米（彩图 4）。进排水管道常用的有水泥预制或塑料管道，直径大小一般可在 30～40 厘米。进水口与排水口可用直径 20～30 厘米塑料管道铺设而成，成对角设置。进水口建在田堤上，排水口建在沟渠最低处，由 PVC 弯管控制水位，能排干所有水。

（三）沟、坑建设

1. 沟、坑的作用

沟、坑是稻鳖综合种养的主要田间设施建设内容之一，具有以下作用：

（1）为养殖的鳖及混养的品种提供良好的栖息场所　鳖及混养水产品种栖息在水中，水体的大小与深浅与水温、溶解氧及氨氮等的变化有关，从而影响养殖种类的生长发育。单一种植的稻田水浅、水体小，对于稻鳖种养并不十分合适。通过田间改造，建设合适的沟、坑，可以有效改善鳖与其他养殖品种的栖息环境。

（2）作为在水稻搁田、收割时鳖与其他养殖动物的临时栖息"避难所"　水稻在分蘖阶段需要搁田，控制无效分蘖、促进水稻根系发育；在水稻收割阶段需要放干田水，方便收割。水稻的这些田间操作影响鳖的活动，对混养的不能离水的品种影响更大。沟、坑的建设可以使稻田在搁田或收割、田面无水时仍能保持一定的水位，供养殖的动物临时栖息"避难"。

（3）沟、坑提供投喂饲料场所和消毒场所　在稻鳖综合种养过程中，一般要投喂适量的饲料。稻田田面有水稻种植、水浅，不适合设置饲料投喂台。沟、坑水相对较深，利于鳖与其他混养的品种集中摄食，因此可以作为设置饲料投喂台的场所。同时，也可作为在养殖过程中预防病害时使用漂白粉、生石灰等消毒剂的场所。

（4）鳖的冬眠与捕获场所　当水温下降到10℃以下时，鳖进入冬眠状态。鳖的冬眠要求环境水位较深，利于提高鳖特别是幼鳖的越冬成活率。同时稻田田面大，鳖的放养密度较低，捕捉较困难，利用在水稻收割时，随着田面的水位不断下降，鳖会向有水的沟、坑集中这一特点，方便鳖的捕捉。

2. 沟、坑的开挖

稻鳖综合种养的稻田需要开挖沟、坑，沟、坑的开挖一般利用冬闲季节进行，在春季水稻种植之前完成。沟、坑的开挖要注意以下几点：

（1）沟、坑的面积占比　沟、坑的面积占比是指沟、坑开挖的面积占稻田的面积百分比。沟、坑的面积占比是处理稻鳖综合种养的关键性因素之一。沟、坑面积占比与养殖的水产品种产量和水稻的产量密切相关，一般沟、坑面积占比与养殖的鳖及其他品种产量成正比，与水稻的产量成反比。应以在不影响水稻产量的条件下发展稻渔综合种养模式为原则，协调处理沟、坑的面积占比。大量研究与试验表明，当沟、坑面积占比在 10% 左右时，由于水稻在沟、坑两边适当密植，可充分利用水稻的边际效应以及稻渔共生的互利作用，水稻产量不会受到影响。当沟、坑面积占比在 10%～15% 时，水稻产量下降 2%～5%；当沟、看面积占比在 15%～25% 时，水稻产量会下降 5%～15%。因此，在发展稻鳖综合种养模式时，必须将鳖坑的面积控制在 10% 以内，以保障水稻的生产。

（2）沟、坑的布局　沟、坑的布局根据稻田的田块大小、形状和养殖品种等具体情况而定。在稻鳖综合种养模式中主要有以下几种：

① 环沟或条沟　开挖环沟或条沟比较适合于鳖与其他品种的混养，特别是小龙虾可以利用环沟周边靠近田埂的土堆掘洞、穴居，安全越冬、繁育。环沟离田埂3～5米，利于田埂的稳定与水稻的适当密植；环沟的宽度和长度受沟、坑面积占比的影响。一般宽度为 3～5 米，

图 2-3　鱼沟开挖

长度要根据面积占比计算，面积占比不超过 10%。环沟深 0.8～1.0 米。为方便机械作业，如果环沟沿田埂四边开挖，需要留出3～5 米宽的农机通道1～2 条。条沟可沿田埂边开挖，也可在稻田中开挖（图 2-3、图 2-4）。在田边开挖方便泥土用于田埂的加高、加固，宽度可以比环沟的宽度大一些，在 5～10 米，长度根据沟、坑面积占比的控制数而定，深度可以在 1.0～1.2 米。

A   B

图 2-4　鱼　沟
A. 沿田埂　B. 稻田中间

② 鱼坑　在养鳖的稻田鱼坑较为常用（彩图 5）。鱼坑一般为长方形，面积大小控制在沟、坑面积占比 10％以内。鱼坑的深度在 1.0～1.2 米，个数在 1～2 个。田块面积在 10 亩以下开挖 1 个，在稻田的中间或田埂边；稻田面积在 10 亩以上的可在稻田的两端开挖 2 个。

鳖坑的四周要设置密网或 PVC 塑料围栏，围栏要向坑内侧有一定的倾斜，倾斜度 10°～15°。一方面，作为水稻没有插秧或没有返青之前放养的场所；另一方面，当水稻收割放水干田时，鳖会向有水的地方慢慢集聚，当鳖进入鳖坑后由于 10°～15°的内倾斜，不能重新进入稻田，解决了因稻田田面大，鳖的放养密度较低，捕捉较困难的问题。

③ 沟、坑结合　鱼坑与鱼沟相连，适合于较大的田块，沟、坑的面积占比控制在 10％以下，深度在 0.8～1.0 米（彩图 6）。

三、防逃设施

防逃是稻渔综合种养管理中重要的环节。与专养池塘相比，稻田田埂低、水浅，养殖的水产品种容易逃逸。特别是中华鳖及混养的小龙虾、河蟹等有掘穴和攀登的特性，能离水逃逸，尤其是在雨天或闷热天。因此，防逃设施对于养殖鳖及小龙虾、河蟹等套养种类来讲显得尤为重要。

1. 防逃设施类型

目前在稻渔综合种养模式中应用的防逃设施有多种类型，按照建造方法和材料大致分为两类：

（1）固定的防逃设施 固定的防逃设施主要有水泥砖混墙和水泥板。这类设施建设成本高，但是坚固耐用，而且在冬闲季节可以蓄水养殖，适合于稻田租用期长、规模较大的种养殖区，特别是种养示范园区、农业企业、专业合作社及家庭农场等。

（2）简易的防逃设施 简易的防逃设施主要由塑料板、密网、PVC 塑料板、塑料薄膜等材料围成。这类设施好处在于简单、实用，投资少，但不足之处是只能起防逃作用，不能蓄水，而且使用年份不长，需要经常维修与更换。这类防逃设施适用于一般的种植养殖户。

2. 设置要求

对于用水泥砖混墙和水泥板建成的防逃围墙，墙高要求 60～70 厘米，墙基深 15～20 厘米，防逃墙的内侧水泥抹面、光滑，能蓄水，四角处围成弧形。顶部加 10～15 厘米的防逃反边。对于用 PVC 塑料板、彩钢板、密网等围成的简易防逃围栏，

图 2-5 石棉瓦围栏

高度在 50～60 厘米，底部埋入土 15～20 厘米，围栏四周围呈弧形，每隔一段距离设置一根小木桩或镀锌管，高度与围栏相同，起加固围栏作用（图 2-5）。对于稻田进排水口的防逃设施，可以设置渔网或金属网（彩图 7）。

四、防敌害设施

传统的稻田养鱼中的主要敌害有老鼠、水蛇及鸟类等，但鸟类

的危害并不十分突出。由于对鸟类的保护及生态环境的好转，目前鸟类对稻田中养殖的种类危害较大。

主要的鸟类为白鹭、灰鹭等，尤其以白鹭为主。白鹭主要捕食小规格的幼鳖和混养的小龙虾、河蟹及鱼种等。目前白鹭由于受到良好的保护，群体数量大，喜欢集群性捕食，对养殖的水产种类危害很大。稻田水浅，十分不利于养殖品种的逃避，特别是在稚鳖、幼鳖放养初期，虾、蟹、小龙虾脱壳时，会被大量捕食，需要采取有效的措施加以防范。防鸟类的方法主要是设置防鸟网，防鸟网设置要求不伤害鸟类。防鸟网的种类与设置方法有：

（1）防鸟网种类　①用大网目的渔网制成。在稻田上方每隔8～10米立一根木（竹）桩或镀锌管，桩（管）高1.5～2.0米，打入泥中10～15厘米。②用直径0.2毫米细胶丝线制成。在两个桩上拴牢、绷直，形状就像在稻田上面画一排排的平行线，平行线与平行线的间距20～30厘米，高度略高于水稻植株（图2-6、彩图8）。

图2-6　防鸟网安装

（2）重点设置区域　稻田面积大，在田块上方全部覆盖防鸟网效果虽然好，但费用相对较大而且费工。简单实用的方法是在重点区域上方设置，进行重点防护。稻田在水稻返青时可以为养殖的种类提供一定的防护，鳖沟、坑及田埂四周往往是养殖种类集中栖息场所，尤其是在放养初期，很容易被鸟类捕食。因此，可以重点在鱼沟、坑的上方设置防鸟网（彩图9）。

五、投饲台设置

稻鳖综合种养稻田中的天然饵料不能完全满足鳖或鳖及混养的种类的需要，因此，要在养鳖的稻田中设置投饲台，用于合理投喂配合饲料。

鳖用配合饲料投饲台有投喂软颗粒饲料和投喂膨化颗粒饲料的两种。用于投喂软颗粒饲料的投饲台一般可用水泥板、木板、彩钢板或石棉瓦等制成，设置在沟、坑的周边。投饲台设置成倾斜状，倾斜15°～20°，约1/3倾斜淹没于水中，2/3露出水面，将鳖饲料投喂在离水不远处。稻田中采用鳖与其他品种混养的宜用这类投饲台，其他品种不会与鳖抢食。

用于投喂膨化颗粒饲料的投饲台比较简单，可用直径为5～7厘米的PVC管围成长方形或正方形，漂浮在沟、坑上。投饲台的长度与宽度与坑大小、投饲台个数有关。一般一个坑设置一个，长3～5米、宽2～3米，可以将膨化颗粒饲料直接投喂在投饲台内（图2-7）。

图2-7 投饲台

六、监控设施

在稻鳖综合种养场四周重要区域安装实时监控系统，利用互联网实现在手机端实时监控，观察鳖的活动及摄食情况，也可在四周设置红外报警系统，防止外来人员擅自进入。

第三章

水稻种植与管理

　　水稻是稻鳖综合种养的主要对象。应用先进、实用的水稻种植技术是获得水稻高产、稳产的主要途径。水稻的种植技术包括水稻品种选择、种子处理、水稻育秧、秧田管理、秧苗移栽及大田管理等多个环节。

第一节　水稻品种选择

　　在稻鳖综合种养中，水稻品种的选择十分重要。具体水稻品种选择要根据当地生态条件、生产条件、经济条件、栽培水平及病虫害等情况而定。要选抗病虫能力强、叶片角度小、透光性好、抗倒性强、成穗率高、穗大、结实率高的优质迟熟高产品种。

一、稻鳖综合种养对水稻品种的要求

　　选择合适的水稻品种对水稻稳产、高产十分重要。养鳖稻区地理分布广，各地由于地理位置、自然条件及耕种方式等不尽相同，种植的水稻品种繁多，但由于鳖稻综合种养的稻田，水稻的种植环境起了变化，对水稻品种也有共同的要求，总体上应尽量满足以下要求：

1. 分蘖力强

　　由于沟、坑的开挖，减少了 10% 左右的种植面积，种植面积和植株的减少会影响水稻产量。种植分蘖力强的水稻品种有利于提高水稻有效穗数，增加水稻产量。

2. 耐肥抗倒性好

稻鳖共作的稻田往往是多年养殖鳖的稻田，由于残饵和鳖及其他混养品种的排泄物等的多年沉积，一般土壤肥力较好，且种养结合过程中长期的高水位容易引起水稻后期倒伏。因此，种植的水稻品种要选择茎秆粗壮、耐肥抗倒性能好的品种。

3. 抗病虫害能力强

稻鳖种养的稻田一般不用药或病虫暴发期难于控制时少量用药。因此，宜选用抗病性好的品种，要重点选择抗稻瘟病和基腐病的品种，可根据当地生产实践，选择稻瘟病抗性在中抗以上、多年种植没有发病或发病很轻的当地品种，兼顾抗纹枯病和白叶枯病的则更好。

4. 生育期长

鳖的生长期在4—10月，水稻品种应选择生育期长，收获期在10月底或11月上旬的中迟熟晚粳稻品种为宜，有利于延长稻鳖共生期，给鳖一个相对安静的环境；中籼或晚籼类水稻品种一般收获时间在9月底至10月上中旬，稻鳖共生时间相应会缩短近一个月，不利于鳖的养殖和水稻管理。因此，中籼或晚籼类水稻品种相对不宜选用。

5. 稻米的品质优、口感好

稻鳖种养稻田中生产的大米要求品质优、食味佳，入口软滑口感好，米饭冷而不硬、气味清香，加工包装后可以以较高的价格在市场上销售，提高种植稻谷的经济效益，故宜选择产量较高的香型优质米品种。

二、主要品种

根据以上这些品种选择要求，水稻品种以选用高产、优质、抗病、分蘖力强、耐湿抗倒性好的中迟熟晚粳稻品种为宜。根据生产实践，常规晚粳稻品种可选用嘉58、秀水134、浙粳99、嘉禾218等；杂交晚粳稻品种如嘉优5号、嘉禾优555等；籼粳杂交稻品种如甬优538、嘉优中科1号、甬优15等皆适合稻鳖种养模式。

1. 甬优15

甬优15是浙江省宁波市农业科学院和宁波市种子公司用甬粳4号AXF5302育成的籼粳杂交水稻新组合。该组合表现出高产、优质、熟期适中、抗逆性强等特征，产量比当地主栽水稻品种高，增产幅度达10%以上，是一个高效、潜力巨大的品种，很有推广前景。

株形密散适中，群体生长整齐，稻秆粗壮；前期长势较好，叶色深绿；后期转色好，谷色亮黄，穗大粒多。

该品种适宜在福建、上海、浙江、江苏、湖北、安徽等稻瘟病轻发区作单季晚稻种植，也可以在福建省等稻瘟病轻发区作中稻种植。稻瘟抗性为中感稻瘟病，感稻曲病。在大田生产上稻秆粗壮，抗倒伏，根系活力强，耐肥能力强，抗稻飞虱、南方黑条矮缩病能力强，耐低温性较好。

稻米出糙率83%，整精米率68.1%，垩白粒率23%，透明度1级，长宽比2.6∶1，垩白度3.3%，胶稠度58毫米，直链淀粉含量15.4%。米粒不止外观色泽明亮且米饭松软，品质极佳，商品性好。

2. 嘉58

嘉58是浙江省嘉兴市农业科学院、中国科学院遗传发育所等单位合作选育而成，2013年通过浙江省品种审定（浙审稻2013011）。

嘉58属中熟晚粳类型（图3-1）。全生育期156天。移栽稻株高97.0厘米，亩有效穗17.9万，千粒重27.0～27.5克。

株形理想，矮秆直立，抗倒性强，穗多粒重，结实率高，高产稳产。浙江省两年区域试验平均亩产618.1千克，

图3-1　嘉58

比对照增 7.3%。

叶片光滑、稻毛刺少，田间操作、收割及翻晒风扬，减少了毛刺对皮肤造成的过敏伤害，副产品加工饲料能提高畜禽采食量。

直链淀粉含量 10%，口感软糯，深受晚粳稻区消费者喜爱，适合优质米开发，市场竞争力强。稻米品质经 2011 年浙江省区试检测，平均整精米率 72.7%，长宽比 1.7：1，垩白粒率 30%，垩白度 6.8%，透明度 2 级，胶稠度 78 毫米，直链淀粉含量 9.7%。

稻谷含水量过低（低于 14%）会明显影响外观和食味品质，烧煮时用热水或预浸 10 分钟，口感更佳。

3. 长粒晚粳嘉禾 218

嘉禾 218（浙品审字第 2007004 号）系嘉兴市农业科学院与中国水稻研究所合作选育的早熟晚粳稻品种（图 3 - 2），2007 年通过浙江省品审会审定。

图 3 - 2　嘉禾 218

嘉禾 218 系半矮生长粒型粳稻类品种，叶色浓绿，叶片较长，剑叶上举，株形紧凑，株高适中，分蘖偏弱，生长整齐，叶下禾，谷粒长形似籼谷，谷色黄，颖尖偶有短芒，着粒较稀，易落粒，结实率较高，灌浆速度快、充实度好，千粒重高。

高抗条纹叶枯病，稻瘟病、白叶枯病抗性良好，纹枯病轻。

经农业部稻米及制品质量监督检测中心 2004 年米质检测（No：2005 - WT - 371），嘉禾 218 十二项指标分别为：糙米率 84.7%、精米率 77.8%、整精米率 58.2%、粒长 7.0 毫米、长宽比 3.0：1、垩白粒率 6.0%、垩白度 0.6%、透明度 1 级、碱消值 7.0 级、胶稠度 74 毫米、直链淀粉含量 16.6%、蛋白质含量 9.3%。米质透明晶莹，粒形长似"泰国米"，商品性好。蒸煮米饭松软适口，口感特好。

4. 嘉优 5 号

嘉优 5 号是嘉兴市农业科学院联合有关单位自主育成的中熟粳型三系杂交晚粳稻新型组合，2010 年通过浙江省主推品种审定，现为国家区试长江中下游单季晚粳组对照品种（图 3-3）。

图 3-3　嘉优 5 号

该品种首次于 2006 年在嘉兴市农业科学院进行单晚品比试验，平均亩产 615.5 千克。

2010 年国家区试平均亩产 628.29 千克，比对照常优 1 号增产 10.28%，达极显著水平。

单晚种植 108.3 厘米，茎秆粗壮，苗期生长较快，株形紧凑，生长清秀，植株挺拔，叶色淡绿，剑叶直立挺举，熟期转色好，灌浆较快，成熟一致，脱粒性适中，分蘖中等。

穗形长而大，着粒较密，颖壳黄亮，无芒。每亩有效穗 16.6 万，穗长 18.9 厘米，每穗总粒数 174.5 粒，结实率 86.0%，千粒重 28.8 克，属大穗大粒型品种。国家区试两年平均全生育期 154.4 天，属中熟晚粳类型。

国家试区两年平均整精米率 70.7%，长宽比 1.8∶1，垩白粒率 44%，垩白度 8.7%，胶稠度 74 毫米，直链淀粉含量 16.9%，其两年米质指标均达到食用稻品种品质部颁四等。

5. 嘉优中科 1 号

浙江省嘉兴市农业科学研究所、中国科学院遗传与发育生物研究所、上海崇明种子有限公司育成。

嘉 66A×中科嘉恢 1 号粳型三系杂交水稻品种，上海市作单季晚稻种植，全生育期平均 157.5 天，每亩有效穗数 14.7 万穗，株高 110.3 厘米，穗长 18.0 厘米，每穗总粒数 234.0 粒，结实率 87.1%，千粒重 28.4 克。田间调查表现病害轻。整精米率 72.1%，垩白粒率 58%，垩白度 7.8%，胶稠度 76 毫米，直链淀粉含量 14.0%。

2014 年参加上海市区试，平均亩产 797.2 千克，比对照增产 18.5%，增产极显著；2015 年参加上海市生产性能测试，平均亩产 742.9 千克，比对照增产 10.1%。

图 3-4 甬优 538

除了上述的水稻品种外，还有一些品种如常规晚粳稻秀水 110、秀水 14 等；杂交晚粳稻嘉禾优 555，籼粳型杂交稻浙优 18、甬优 538 等皆可种植（图 3-4 和彩图 10）。

第二节 水稻种植

一、水稻育秧

水稻育秧包括晒种、选种、浸种、催芽、精做秧板及播种等环节。

1. 晒种

在播种前将种子摊薄抢晴天晒两天，提高种子发芽率和发芽势。其主要好处在于晒种可以促进种子后熟和提高酶的活性；促进氧气进入种子内部，以提供种子发芽需要的游离氧气，促进种胚赤霉素的形成以加快 α 淀粉酶的形成，催化淀粉降解为可溶性糖以供种胚发育之用。晒种可以降低发芽的抑制物质如谷壳内胺 A、谷壳内胺 B 等物质浓度，并可利用阳光紫外线杀菌等。

2. 选种

选种是在播种之前，挑选饱满的种子的过程。可采用风选的方法去除杂质和秕谷，再用筛子筛选，去除种谷中携带的杂草种子以免造成移栽后大田草害影响。

3. 浸种

水稻浸种的过程就是种子吸水的过程。种子吸水后，种子中的淀粉酶活性上升，在酶的作用下，胚乳淀粉溶解成糖为胚根、胚芽和胚轴提供所需的养分。

浸种有利种谷均匀地吸足水分，当种谷吸收水量达到其重量的30%～40%，即达饱和吸水量，米粒上的腹白和胚已清晰可见，此时最利于萌发。种谷吸收水分的速度与温度有关，温度低吸水速度慢，温度高吸水速度快。一般晚粳稻浸种2～3天，外界温度高浸种时间相应短一些。根据实践，浙江稻区水稻品种浸种时间一般杂交稻品种可控制在36～48小时，常规稻品种浸足48小时。

水稻浸种时，要进行种子药剂处理，以消灭种传病害。水稻药剂浸种处理是防治水稻恶苗病、干尖线虫病等主要种传病害的有效方法，并且对水稻苗期灰飞虱的防治有一定作用，能减轻水稻苗期条纹叶枯病的发生。药剂可用25%氰烯菌酯3毫升加12%咪鲜·杀螟丹15克，兑水4～5千克，浸稻种5千克，浸种48小时。如果在同一容器中浸种较多，可按上述比例配制。浸种后用清水洗干净后催芽，以免影响催芽整齐度。

4. 催芽

催芽是为种子发芽人为创造适宜的水、气、热等条件，使稻种集中整齐发芽的过程。催芽播种比不催芽播种出苗提早3天以上而且出苗整齐，成苗提高5%～10%。

催芽要求是"快、齐、匀、壮"。快，即催芽在2天左右，其中高温（35～38℃）破胸，破胸24小时内；齐，即出苗要齐，要求发芽率达到85%以上；匀，是指芽长整齐一致，保持催芽温度30℃长芽，根芽齐长；壮，是指幼芽整齐粗壮，根芽长比适当，颜色鲜白，气味清香，无酒味。当前单季晚稻或工厂化育秧的种谷只要破胸露白就可以播种。

催芽后用丁硫克百威或吡虫啉拌种，防治稻蓟马、灰飞虱等，丁硫克百威还有驱避麻雀、老鼠的作用。方法是稻种浸种催芽（破胸露白）后每5千克种子加35%丁硫克百威种子处理干粉剂20～30克，或加25%吡虫啉可湿粉10克拌匀晾干，30分钟后播种。

5. 精做秧板

秧板是用于稻种催芽后育秧的田块（彩图 11）。秧田与大田面积的比例要根据季节、品种和不同叶龄移栽而定。适龄移栽条件下，单季晚稻和杂交水稻为 1∶10，机插秧 1∶80，秧田要选择土质松软肥沃、田平草少、避风向阳、排灌便利的田块。要耕翻晒垡，施足腐熟基肥，耙平耙细，秧板要平整水平，上虚下实，软硬适度。秧板宽 1.50～1.67 米，沟宽 20 厘米，周围沟深 20 厘米。

机插秧培育前期准备：营养土配制，用 40％的腐熟有机肥与细泥土分别过筛后混合均匀，待用。

6. 适期适量播种

根据晚粳稻品种生育期特性、茬口、栽插期及移栽时间进行。生育期长的品种要早播，播量少，秧龄长；生育期短些的品种，可适当迟播，播量可适当增加，以秧苗基部光照充足，生长健壮为标准。一般手插秧单季晚稻秧田播种量常规晚粳稻为 30～40 千克/亩，杂交晚粳稻秧田播种量 15～20 千克/亩。播种时间一般在 5 月上中旬为宜。

工厂化育秧及旱育秧，机械插秧的应用塑料硬盘育苗（58 厘米×28 厘米），一般常规晚粳稻每盘均匀播破胸露白芽谷 120～150 克，杂交晚稻播 80～100 克。压籽覆土后，浇透水。

二、水稻移栽

（一）栽前准备

栽前准备主要有以下几点：

1. 精细整田、施足底肥

当年在水稻收后及时翻犁，翻埋残茬，次年在水稻栽前再进行犁耙。精细整田，达到田面平整，做到"灌水棵棵青、排水田无水"。底肥坚持有机肥为主，氮、磷、钾配合施用。栽前结合稻田翻犁亩施有机肥 1 500～2 000 千克，结合耙田亩施普钙 40～50 千克、钾肥 8～10 千克作底肥。

2. 适时播种，适当早栽

单季晚稻育秧机插或旱育秧的秧龄控制在 15～18 天，手插移栽的，秧龄控制在 20～25 天。

3. 基础苗的确定

基础苗数主要依据品种的适宜穗数、秧苗规格和大田有效分蘖期长短等因素确定。常年种植水稻的田块，每亩种植 0.8 万～1.1 万丛，基本苗 2 万～3 万/亩为宜。没有种过水稻的鱼池，由于肥力较高应以少本稀插为主，每亩种 5 000 丛左右。

（二）水稻移栽

目前有多种移栽方法，但主要有以下两种：①人工插秧，大田育的秧苗，主要靠人力手工栽培；②机械插秧，塑料育秧盘培育的秧苗，主要是用插秧机代替人工，大片种植成本低（彩图 12）。

秧苗移栽是水稻种植的关键环节之一，移栽质量的好坏对水稻产量的影响较大。手插秧要做到"匀、直、稳"。匀，即行株距要均匀，每穴的苗数要匀，栽插的深浅要匀；直，即要注意栽直，不栽"顺风秧""烟斗秧"；稳，即避免产生浮秧，不栽"拳头秧""脚塘秧"。

机插秧具体要做到以下几点：

（1）适宜水深　田面水过浅，插秧机行走困难，秧爪里容易沾泥，夹住秧苗，秧槽内容易塞满杂物，造成供苗不整、不齐；过深则立苗不齐，浮苗过多。一般要求 2～3 厘米。

（2）田面硬度适中　保持田面合适的硬度，检查方法是食指入田面约 2 厘米划沟，周围软泥呈合拢状。田面过稀软，秧苗插不牢，容易下陷，田面过硬则容易伤苗，深度不足，易漂苗、缺苗。

（3）合适的播插深度　秧苗播插深浅对秧苗的返青、分蘖及保全苗影响很大。一般播插深度为 0.5 厘米时秧苗易散苗、漂苗或倒苗；超过 3 厘米时则会抑制秧苗返青，减少低节位分蘖，高节位分蘖增多，延迟分蘖。机播合适的播插深度一般在 2 厘米左右，人工播插的深度在 1.0～1.5 厘米，钵育苗摆栽体与泥面平，钵育苗抛秧面入泥 2/3 为好。

（4）**适龄壮苗**　播插适龄的壮苗对水稻的返青、分蘖影响大，要求 3.1～3.5 叶的旱苗中苗或 4.1～4.5 叶的旱育大苗。秧龄适中的壮苗返青快、生长好。

（5）**合理密植**　秧苗的播插密度与稻田田块的土壤肥力、秧苗质量、气候条件和栽培技术等密切相关。一般单位面积基本苗的确定以预期收获穗数的 20%～25% 为宜，通常在每平方米 125 株左右。稻鳖综合种养的稻田为弥补因开挖沟、坑而减少的播插面积，在沟、坑周边要适当密植，以充分利用水稻的边际效应，使基本苗保持基本稳定（图 3-5）。

图 3-5　沟边适当密植

第三节　水稻管理

一、育秧管理

育秧管理是水稻种植过程中的重要一环，包括科学管水、秧苗田间管理、防治病虫等方面。

1. 科学管水

水稻种子播种后，保持秧板湿润，土壤通气，以利于扎根立苗。一般掌握晴天满沟水，阴天半沟水，寒潮来临前夜间灌露心叶水，清晨立即排干水，二叶期后开始保持浅水层。对于旱育秧，播种后要保持秧盘内泥土的湿润，保持每天（白天）1～2次喷水，促使秧苗健康生长。

2. 秧苗田间管理

追肥拔草。在二叶期每亩施尿素5千克做断奶肥，促进生长健壮；在四叶期每亩施尿素7～8千克、钾肥2～3千克促进分蘖；移栽前3～4天每亩施尿素10～15千克做送嫁肥。

秧田播种前15天亩用41%草甘膦200毫升兑水40千克均匀喷雾，杀灭老草；播种后必须抓准时机杀草芽，尤其是稗草，一定要消灭在二叶一心前，对以稗草为主的杂草群落，应该以封闭化除草为主，把杂草消灭在萌发期和幼苗期，这样才能以最少的投入获得最佳的经济效益。催芽播种后2～4天内亩用40%苄嘧·丙草胺60～80克或38%苄·嘧·丙草胺可湿粉36克兑水40千克（3背包）均匀喷湿畦面，封杀杂草幼芽，喷药时要求畦面湿润无积水；在秧苗二叶一心到三叶期，结合施断奶肥上薄水，亩用35%苄·丁100克拌尿素撒施进行第二次除草。

3. 防治病虫

要注意秧田水稻绵腐病、立枯病（青枯、黄矮）、稻瘟病、稻蓟马、稻螟虫、叶蝉等病虫的发生并及时防治。一般经过种子药剂拌种的秧苗很少有病虫害发生。

二、大田水稻管理

水稻插秧以后，进入大田管理阶段。大田管理主要包括返青期、分蘖期、拔节孕穗期和抽穗结实期等几个阶段的管理，每一阶段有所侧重，措施有所差异。

1. 返青期的管理

返青期管理主要有：保持合理的水位，做到浅水促分蘖。对于插秧的秧苗，在水稻移栽初期水位要适当浅一些。此时浅水位有助于提高稻田中的温度，增加氧气，使秧苗的基部光照充足，加快秧苗返青。

2. 分蘖期的管理

水稻返青后就进入分蘖期，此阶段的主要任务是促进水稻早分蘖、多分蘖，是获得水稻高产稳产的关键期。水稻有效分蘖时间较短，因此需要合理施肥。在移栽后 5～7 天可以施肥，每亩用尿素 10 千克，复合有机肥 20～30 千克，促进有效分蘖。对于肥力较好的稻鳖种养田块可根据情况少施或不施肥。

搁田是分蘖期管理的重要措施。当秧苗数达到预定的数量或在有效分蘖末期，就可以开始搁田。通过晒田，改善土壤透气性，抑制秧苗的无效分蘖，防止水稻后期倒伏。一般在 6 月中旬至 7 月中旬进行，要多次搁田，在搁田控蘖时不宜重搁，以一周左右为宜，由轻至重，必要时直至搁硬。

3. 拔节孕穗期的管理

晚稻拔节期一般在 7 月下旬，正值鳖稻共生期，在稻鳖种养的田块，搁田对养殖的水产动物有所影响，但由于沟坑的存在，养殖的水产动物能安全度过。

（1）控制合理的水位　水稻拔节后就开始进入孕穗阶段，此时温度较高，水分蒸发量大，水稻需水量也大，要以灌深水为主（10～20 厘米），但同时也要防止长时间深水位。因此，要采用灌水、落水相间的方法控制水位。

（2）巧施穗肥　幼穗分化期是水稻需养分的高峰期，稻鳖种养稻田可以根据田块的实际肥力决定肥料的施用，如需要，每亩可施 3～4 千克尿素。

4. 抽穗结实期的田间管理

抽穗结实期是谷粒充实的生长期，也是水稻结实率与粒重的决定期。管理的重点是田间要有充足的水分满足其需要，但如长时间的深水位往往会使土壤氧气不足，根系活力下降。因此，灌溉要干干湿湿，如土壤肥力不足则需要补肥。到水稻进入黄熟期则要排水，直至鳖停食，进入排水搁田，使鳖爬入暂养池。收割时，做到田间无水，收割机械能下田。

第四章

鳖 的 养 殖

第一节 鳖的主要品种

鳖是稻鳖综合种养模式中主要的水产养殖对象，也是提高稻田综合效益的关键物质基础。因此，在进行稻鳖综合种养时要选择优良的养殖品种。

一、品种的选择

（1）养殖品种对环境的适应性 中华鳖分布地域广泛，但主要分布在长江、珠江和黄河流域。不同的地域形成了不同的中华鳖地理群体，习惯上根据分布的地理位置分别称为太湖花鳖、江西鳖、湖南鳖、黄沙鳖和黄河鳖等；另外，还有日本鳖和台湾鳖等，这些地理群体一般适应当地的养殖。

稻田环境与传统的专用养殖水体环境有所不同，养殖水体较浅，水体的环境如酸碱度、溶解氧、水温等容易随外界条件的变化而变化。中华鳖对环境变化适应性较强，一般均能适应稻田的养殖环境。

（2）养殖品种的养殖性能和经济价值 中华鳖不同的养殖品种或群体表现出不同的养殖性能。尽管各地理群体在不同的养殖区域或养殖模式上有所差异，但均适应在稻田养殖，经选育的新品种表现出的性状要好于未经选育的品种。

中华鳖日本品系由笔者育种团队经十几年选育而成，其生长快，抗病能力强，生长速度较常规快 25％ 以上，特别在室外水体养殖时其生长与抗病性能更显优势，适应于大规格商品鳖的养殖。浙新花鳖是以清溪乌鳖为父本，中华鳖日本品系为母本杂交而成的新品种，其主要特征为腹部有大花斑，具有生长快、抗病能力强的特性。目前市场上，较大规格的商品鳖价格与销路均好于小规格的商品鳖。

清溪乌鳖主要特征是腹部与其他品种不同，呈乌黑/灰色，故名乌鳖，其生长与太湖花鳖无明显差异，但因其体色乌黑或乌灰，营养丰富、味道鲜美，市场销售好，价格高，深受消费者青睐。

二、鳖的主要养殖品种

中华鳖（*Peodiscus sinensis*），又称甲鱼、团鱼、水鱼。中华鳖市场价格较高，既符合人们的消费习俗，又为消费者所普遍接受。因此，开展稻鳖共生养殖中华鳖，养成的商品鳖品质优，消费市场接受性好、价格较高。

我国养殖的中华鳖品种不多，品种选择范围不大，目前主要养殖的鳖包括传统中华鳖地理群体和中华鳖日本品系、清溪乌鳖及浙新花鳖等。具体选择养殖品种要根据品种对环境的适应性、生长、抗病性能及市场销售情况等进行。

（一）中华鳖地理群体

因中华鳖分布广泛，在中国、日本、越南、韩国、俄罗斯都可见，加上中国幅员辽阔，受气候、土壤、温度等因素影响，中华鳖在各地形成了具有明显的外部形态特性和生态习性的地理群体。据初步调查分析，中华鳖在我国各地域形成的地理群体中，适合鳖稻综合种养的主要为太湖群体、洞庭湖群体、黄河群体等。

1. 太湖群体

当地俗称太湖鳖、江南花鳖等，主要分布在太湖流域的浙江、江苏、安徽和上海一带。其背部体色油绿，有对称的黑色小圆花点，裙边宽厚；腹部有灰黑色的块状花斑。具有生长较快、色泽艳、肉质好、抗病力强等特点，深受消费者喜爱，目前在江苏、浙江、上海一带养殖较多。

2. 洞庭湖群体

当地俗称湖南鳖，主要分布在湖南、湖北和四川部分地区。其外形特征为体薄宽大，裙边宽厚；背部后端边缘具有突起纵向纹和小疣突；腹部稚鳖期呈橘红色，成鳖期腹部白里透红，可见微细血管，无梅花斑、三角形斑及黑斑。

3. 黄河群体

当地俗称黄河鳖，主要分布在黄河流域的甘肃、宁夏、河南和山东境内，其中以宁夏和山东黄河口为最纯。其有三个明显的特征："三黄"，即背甲黄绿色，腹甲淡黄色，鳖油黄色。因其分布于黄河流域和我国北部地区及中部盐碱地带，故其环境适应能力强，在养殖生产中表现为抗逆性强，病害少。

4. 鄱阳湖群体

当地俗称江西鳖，主要分布在湖北东部、江西和福建北部地区。其成体形态与太湖鳖相似，体扁平，呈椭圆形，背部橄榄绿色或暗绿色，分布有黑色斑点。与其他群体相比，其独特之处在于出壳稚鳖的腹部为橘红色，无花斑。目前江西南丰建有省级中华鳖良种场，保存鄱阳湖中华鳖约 5 万只，年产稚鳖 50 万只以上。

5. 台湾群体

又称台湾鳖，主要分布在中国台湾南部和中部。其性成熟较其他群体早，加上中国台湾气候条件特别适合鳖卵孵化，孵化技术和成本均比中国大陆有优势，苗种孵化早于中国大陆地区，因此其养殖时间较其他品种长，比较适合温室养殖，可以当年养成商品鳖上市。中国台湾产的鳖蛋 90％以上供应中国大陆养殖户。

（二）国家审定的中华鳖新品种

目前，经国家审定的中华鳖新品种系有三个，中华鳖日本品系、清溪乌鳖及浙新花鳖。

1. 中华鳖日本品系

（1）品种来源　中华鳖日本品系为杭州萧山天福生物科技有限公司和浙江省水产引种育种中心联合培育的中华鳖新品种系。原始群体于1995年5月经农业部批准由杭州萧山天福生物科技有限公司从日本福冈引进并开始群体选育。2008年经农业部公告，成为我国第一个中华鳖国家水产新品种系。

（2）选育方法　中华鳖日本品系采用五段选育法进行培育，即亲鳖、受精卵、稚鳖、成鳖、后备亲鳖五阶段群体选育方法（图4-1）。

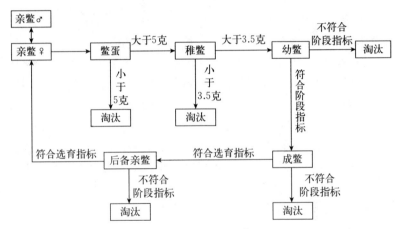

总选择率控制在5%左右

图4-1　中华鳖日本品系五段选育路线

亲鳖选择在9月中下旬或次年亲鳖苏醒后进行。要求外形完整、无伤残、无畸形、无病变，体质健壮，2冬龄以上，雌鳖体重1～3千克，雄鳖体重1.5～3千克。受精卵选择在5—7月进行，挑选卵重5克以上，受精线清晰明显者。稚鳖的选择在7—8月，挑选规格大于3.5克，体质健壮、行动迅速，无伤残、无畸形的稚鳖。成鳖的选择在第二年6月进行，挑选体质健壮、体色鲜艳、动作灵敏、眼睛明亮、无病无伤，体重雌鳖300克以上，雄鳖400克以上者。后备亲本选择在第二年外塘养殖4个月后起捕时进行，选择强壮无病、体形优美、体重 800 克以上的后备亲鳖。

（3）审定情况 2007 年中华鳖日本品系通过全国水产原种和良种审定委员会审定，2008 年经农业部公告成为全国适宜推广的水产新品种，品种登记号为 GS03 - 001 - 2007（图 4 - 2 和彩图 13）。

图 4 - 2 中华鳖日本品系

（4）体色与体形特性

① 体色 中华鳖日本品系背部呈黄绿色或黄褐色，腹甲呈乳白色或浅黄色。

② 体形 中华鳖日本品系外形扁平，呈椭圆形，雌体比雄体更近圆形，裙边宽厚。背甲表面光滑，无隆起，纵纹不明显，中间略有凹沟。腹甲中心有 1 块较大的三角形黑色花斑，四周有若干对称花斑，以幼体最为明显，随着生长，腹部黑色花斑逐渐变淡。

（5）生长 生长快速是中华鳖日本品系最大的特点之一，也是品种的竞争优势所在。与普通中华鳖一样，中华鳖日本品系是次生水生变温动物，其生长、摄食、新陈代谢等活动受水温的影响很大。在适宜的温度范围内，生态条件良好时，随水温的升高，其代谢作用增强，消化速度加快，摄食量增加。水温 20 ℃时开始摄食，30～32 ℃时摄食量最大。中华鳖日本品系的适宜生长温度为 25～32 ℃。在适宜温度范围内，温度越高、持续时间越长，生长就越快。全程适温养殖中华鳖日本品系，从稚鳖到成鳖阶段培育期 15 个月，其体重平均可达 750 克，生长速度比其他品种快 25% 以上（表 4 - 1、表 4 - 2）。另据研究表明，在相同饲养情况下，经 9～10 个月温室和 4～5 个月的室外养殖，中华鳖日本品系的平均规格可达 0.8 千克，生长速度比台湾鳖、泰国鳖和本地中华鳖分别快 20%、18% 和 15%。

在稻鳖综合种养模式中，中华鳖日本品系的生长优势更为明显，5 月放养规格 350 克左右的中华鳖日本品系，到年底起捕时

表 4-1 清溪乌鳖、太湖鳖、江西鳖和中华鳖日本品系温室生长情况

品种	初重（克）	末重（克）	天数（天）	成活率（%）	单产（千克/米²）	增重（克/天）	特定生长率（%）
清溪乌鳖	6.6	232.5	210	88.2	4.1	1.076	1.70
太湖鳖	5.0	229.5	210	85.6	3.93	1.085	1.85
江西鳖	7.0	217.5	210	87.5	3.80	1.002	1.64
中华鳖日本品系	5.8	323.5	210	99.6	6.44	1.513	1.91

表 4-2 中华鳖日本品系与太湖鳖外塘养殖对比

品种	初重（克）	养殖天数	起捕重量（克）	日均增重（克）	饲料转化率	成活率（%）
中华鳖日本品系	450	90	818.1	4.09	1.31	93.8
太湖鳖	450	92	727.8	3.02	1.34	90.1
中华鳖日本品系	620	95	1016.1	4.17	1.30	95.2
太湖鳖	560	93	845.5	3.07	1.35	90.5

雄性商品鳖的平均体重可以增加一倍以上，大的个体可重达1 000克以上。

（6）繁殖 繁殖量大是中华鳖日本品系的另一个特点。中华鳖日本品系的性成熟期为2～3年，加温养殖方式下可提早1年。水温20℃以上开始发情、交配，25℃以上产卵。与其他鳖一样，中华鳖日本品系产卵于陆地潮湿的沙床中，一次交配，多次产卵。在江苏、浙江地区，一般4—5月水中交配，20天后开始产卵，5月中旬至9月上旬为中华鳖日本品系的产卵期，6月至8月中旬为产卵盛期。每只成熟的4龄亲雌鳖一般每年产卵3～4次，年产卵总量达50～100枚，比相同年龄的本地中华鳖要多15%以上。

（7）产量表现 与其他中华鳖相比，中华鳖日本品系生长快、抗病力强，养殖过程中很少发生病害，因此养殖成活率高、产量高。一般情况下，稚、幼鳖温室培育的成活率可达85%以上，产量每平方米达8千克以上；两段法养殖池塘平均单产可达600～

700 千克/亩；稻鳖综合种养视放养密度和饲养管理等不同，平均单产可达 100～250 千克/亩。

（8）苗种供应　因中华鳖日本品系生长快、产量高，被列为主推水产养殖品种之一，已在全国各养鳖省份广泛推广，并建立了较为完整的良种供应体系。以浙江省为例，浙江已建设有国家中华鳖遗传育种中心 1 个、现代渔业种业示范场 1 个、国家级中华鳖日本品系良种场 2 个、省级良种场 5 个及规模化繁育基地若干个，年可生产中华鳖日本品系稚鳖约 1 亿只。

2. 清溪乌鳖

（1）品种来源　清溪乌鳖为浙江清溪鳖业有限公司和浙江省水产引种育种中心共同选育的中华鳖新品种。原始群体为浙江清溪鳖业有限公司于 1992—1994 年从德清等地自然水体中采集到的野生个体，采用群体选育的方法，以形态特征为主要指标，开展中华鳖新品种选育，稳定固化腹部黑色性状，最终形成腹部黑色可稳定遗传的清溪乌鳖。

（2）选育方法　清溪乌鳖的选育方法采用以体色纯化为主的群体选育法进行（图 4 - 3）。

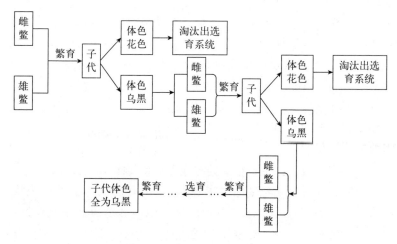

图 4 - 3　清溪乌鳖的选育路线

（3）审定情况 2008 年清溪乌鳖通过全国水产原种和良种审定委员会审定，2009 年经农业部公告成为全国适宜推广的水产新品种，品种登记号为 GS01-003-2008（图 4-4 和彩图 14）。

图 4-4 清溪乌鳖

（4）体色与体形

① 体色 清溪乌鳖背部与太湖鳖相似，有黑色斑纹。腹部呈灰黑色或乌黑色，为区别于其他鳖的最大特征。

② 体形 清溪乌鳖成鳖背甲呈卵圆形，幼鳖阶段近似圆形，稍拱起，覆以柔软革质皮肤，脊椎骨清晰可见，表面具有纵棱和小疣粒。腹部有点状黑斑点，无斑块。随着生长，背部逐渐趋于扁平，腹部斑点逐渐变浅。

（5）生长 清溪乌鳖习性凶猛，好斗，温室养殖容易发病，次品率高，因此并不适宜室内高密度饲养成鳖。该品种比较适合的养殖方法为两段法养殖、稻鳖共生或外塘生态养殖。清溪乌鳖的生长与本地太湖花鳖相当，没有明显的生长优势。研究表明，在相同饲养情况下，采用温棚不加温培育方式，清溪乌鳖幼鳖的成活率、单位产量和生长速度要优于江西鳖，与太湖花鳖差异不显著，显著低于中华鳖日本品系。人工配合饲料精养条件下，初孵清溪乌鳖稚鳖经 450 天养殖，平均体重由初始的 6 克增加到 493.2 克，平均生长速度雄鳖比雌鳖快 19.1%。

（6）繁殖 清溪乌鳖的性成熟期为 3 年，加温养殖方式下可提早 1 年。一般情况下，5 月中旬至 8 月底为清溪乌鳖的产卵期，6 月至 8 月中旬为产卵盛期。每只成熟的亲雌鳖一般每年产卵 3~4 次，年产卵总量达 25~80 枚，与相同年龄的太湖花鳖相当。长期观察分析表明，6 龄清溪乌鳖平均年产卵 45 个左右，产卵量的多少取决于气候、亲本营养状况等。

（7）产量表现 一般情况下，每亩稻田放养 150 克左右的清溪乌鳖幼鳖 500～600 只，当年可长至 350 克以上，平均产量可达 150～200 千克/亩。

（8）苗种供应 因清溪乌鳖体色独特，富含黑色素，营养丰富，深受消费者喜爱，浙江超市清溪乌鳖的零售价在 200 元/千克以上，远高于普通中华鳖。当前，中华鳖养殖业正处于转型发展阶段，清溪乌鳖已成为不少养殖者喜欢的品种。目前已建立了国家中华鳖遗传育种中心 1 个、清溪乌鳖省级良种场 1 个和规模化繁育基地若干个，年产清溪乌鳖稚鳖不足 100 万只，苗种供不应求。

3. 浙新花鳖

（1）品种来源 浙新花鳖是由浙江省水产引种育种中心和浙江清溪鳖业有限公司联合选育而成的中华鳖新品种。自 2005 年起，为充分利用 2 个中华鳖国家水产新品种（系）的优势性能，开展中华鳖杂交优势利用和杂交育种研究，经过 10 年的杂交优势利用选育，获得中华鳖杂交新品种浙新花鳖。

（2）选育方法 浙新花鳖采用杂交育种的方法进行培育（图 4-5），浙新花鳖的亲本组合为以中华鳖日本品系为母本、清溪乌鳖为父本的杂交组合。

（3）审定情况 2015 年通过全国水产原种和良种审定委员会审定，并经公告成为全国适宜推广的水产新品种，品种登记号为 GS02-005-2015（图 4-6 和彩图 15）。

（4）体色与体形

① 体色 浙新花鳖背部呈灰黑色，有黑色斑点；腹甲呈灰白色，有大块黑色斑块，并散布有点状的黑色斑点。

② 体形 浙新花鳖外形与太湖花鳖相似，只是腹部黑色斑点更为乌黑。与父母本相比，浙新花鳖在形态比例多个特征参数方面表现出介于两亲本之间的特点（表 4-3）。

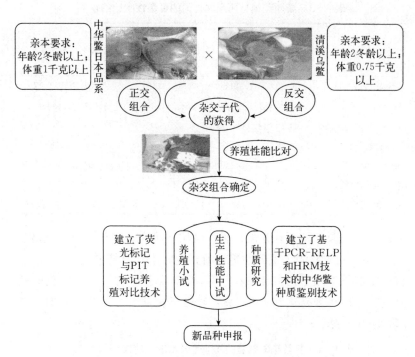

图 4-5　浙新花鳖杂交育种技术路线

图 4-6　浙新花鳖

表4-3　浙新花鳖与两亲本之间的可量性状比的差异

项目	中华鳖标准值		清溪乌鳖	中华鳖日本品系	浙新花鳖
	雌	雄	雄	雌	
背甲宽/背甲长	0.840±0.037	0.819±0.041	0.814±0.039	0.865±0.023	0.839±0.024
体高/背甲长	0.267±0.061	0.244±0.017	0.256±0.017	0.324±0.012	0.260±0.017
后侧裙边宽/背甲长	0.084±0.013	0.091±0.011	0.092±0.008	0.087±0.009	0.089±0.006
吻长/背甲长	0.084±0.009	0.087±0.006	0.097±0.006	0.089±0.008	0.090±0.007
吻突长/背甲长	0.041±0.004	0.043±0.006	0.045±0.006	0.037±0.003	0.046±0.005
吻突宽/背甲长	0.036±0.010	0.035±0.010	0.036±0.005	0.031±0.002	0.036±0.003
眼间距/背甲长	0.032±0.005	0.032±0.004	0.031±0.004	0.029±0.002	0.030±0.003

（5）生长　浙新花鳖的生长速度快。研究表明稻田放养规格为170～190克的温棚1冬龄幼鳖，浙新花鳖平均日增重1.2克以上，较中华鳖日本品系提高了14.9%。外塘放养平均规格422克的浙新花鳖，当年规格达到1050克，较中华鳖日本品系提高了21.7%（表4-4、表4-5）。

表4-4　浙新花鳖稚鳖的同池生长情况（清溪公司基地）

品种	标记前体重（克）	10月10日第一次测量		11月6日第二次测量	
		背甲长（厘米）	体重（克）	背甲长（厘米）	体重（克）
浙新花鳖	3.52±0.51	44.65±5.65	18.06±5.57	55.10±7.69	35.80±13.04
中华鳖日本品系	3.63±0.64	38.61±5.61	10.33±4.72	53.22±5.76	30.89±8.30
清溪乌鳖	3.60±0.37	37.81±5.72	11.71±5.59	38.61±5.61	27.36±11.55

表4-5　浙新花鳖成鳖生长情况

地点	组别	池塘号	投放时间	投放数量（只）	平均规格（千克）	测量时间	存活数量（只）	平均规格（千克）	日均增重（克）
浙江省水产引种育种中心萧山基地	浙新花鳖	7#	7月1日	350	0.442	11月20日	328	0.745	2.26
	中华鳖日本品系	6#	6月25日	500	0.425	11月20日	467	0.700	1.85

（续）

地点	组别	池塘号	投放时间	投放数量（只）	平均规格（千克）	测量时间	存活数量（只）	平均规格（千克）	日均增重（克）
萧山天福生物科技有限公司	浙新花鳖	2－2#	7月10日	305	0.410	11月25日	247	0.710	2.16
	中华鳖日本品系	2－3#	7月10日	400	0.425	11月25日	352	0.685	1.87

（6）繁殖　在外塘养殖模式下浙新花鳖的性成熟期为3年，温室加温养殖方式下性成熟期为2年。在江苏、浙江地区，浙新花鳖，5月中旬至8月为产卵期，6月至8月中旬为产卵盛期。每只成熟的亲雌鳖一般每年产卵3～4次，产卵量与普通中华鳖相当，个体平均年产卵45枚左右。

（7）产量表现　与其他中华鳖相比，浙新花鳖生长快，抗病力较强。一般情况下，养殖成活率可达85%以上，稻鳖综合种养模式中养成的成活率更高，每亩放养规格250克以上中华鳖浙新花鳖400～500只，亩产量可达100～150千克。

（8）苗种供应　浙新花鳖腹部花斑较大，生长速度较快、抗病性较好，正在得到进一步的推广。目前作为浙新花鳖亲本的中华鳖日本品系和清溪乌鳖繁育体系较为完整，因此浙新花鳖两亲本的质量和数量有保障，苗种的繁育能力有一定的保障。近年来，浙江已繁育推广浙新花鳖200余万只。

第二节　鳖种培育

稻田综合种养放养的鳖种，可以从专业的养鳖场采购，也可以自己孵化培育。

从外采购鳖种，简单、省心省力，但成本相对较高，而且鳖种会有擦伤或将病原体带入的风险，一般适合于养殖规模较小、比较分散的养殖户。对于稻渔综合种养示范园区，有一定规模、有条件的养殖户以自己孵化、培育为好。

一、鳖的孵化

鳖稻综合种养的鳖苗用受精卵进行孵化，成本低，并可避免鳖苗在运输过程中的擦伤或带入病原体，适用于一定规模的稻鳖综合种养场。

鳖的孵化是指将受精的鳖蛋在一定的条件下进行孵化，孵化出稚鳖。孵化可在大棚水泥池中进行，也可在专门的孵化室进行。

1. 鳖蛋的挑选

将鳖产卵场的受精卵从产卵场取出（图 4-7）或从外面采购，要根据受精情况和受精卵的规格大小进行挑选。

图 4-7 挖取受精卵　　　　　　图 4-8 受精卵

受精情况：好的鳖蛋要看受精点是否明显、清晰。受精卵的顶端（动物极）有一圆形的白点，即受精点。产出的鳖卵有未受精卵、弱受精卵和受精卵之分。鳖卵一端动物极无白点，颜色与周边的颜色无区分，为未受精卵；鳖卵动物极虽然有白点，但白点边际不明显清晰，则为弱受精卵，这 2 种卵要剔除。正常的受精卵授精点明显、清晰。白点的大小随受精时间的不同而异，时间越长，白点就越大。质量好的鳖蛋白点明显，白点周边清晰，孵化率高（图 4-8）。

鳖卵的规格：鳖卵的规格大小与孵化的稚鳖大小直接相关，而稚鳖的大小、强壮影响鳖种的培育规格和成活率。鳖卵的重量与孵化出的稚鳖的重量之比为 1：（0.70～0.78）。在选购鳖卵时尽量要选购规格大的，一般在 4.0～6.0 克或以上，孵化出的稚鳖个体 3.0～4.5 克/只（表 4-6）。

表 4-6　卵重与稚鳖重关系

卵重（克）	2.9	4.5	4.7
稚鳖重（克）	2.2	3.2	3.3

2. 孵化框、孵化床基质

孵化框：常用的孵化框有木框和塑料框两种，孵化框长 55 厘米，宽 45 厘米，深 10 厘米，每框可放受精卵约 320 枚（图 4-9）。

图 4-9　孵化框　　　图 4-10　孵化基质（蛭石、海绵）

孵化床用的基质一般有沙、海绵和蛭石等。海绵重量轻，透气性好，但水分较易挥发，不容易控制。用沙作孵化基质，孵化的温度、湿度相对稳定，但孵化箱较重，不容易上下翻动操作，如出现蛋发霉或水分过高，沙结块，透气性下降，会造成胚胎死亡。蛭石重量轻，保温、保水性能较好，目前用得较多（图 4-10）。

3. 孵化要点

影响孵化率的因素很多，温度、湿度和透气性为主要因素。只要在孵化时注意控制好这些主要因素，一般孵化率可在 90% 左右。

温度：鳖是变温动物，环境温度的变化对其整个生长发育影响重大。在鳖蛋孵化中，温度影响孵化时间和孵化率。鳖的孵化温度22～37℃，最适合的温度28～33℃（图4-11和图4-12）。室内孵化室（彩图16）的温度控制较为容易，用温控开关控制加热器如电灯、加热

图4-11　孵化室

棒，夏季高温时可打开门窗通风。鳖蛋孵化需要的积温为3.1万～3.8万℃，在合适的温度范围内，孵化的温度与需要的积温成负相关关系，孵化温度越高，需要的积温就越少。当孵化温度控制在32～33℃时，孵化时间需要40～45天。

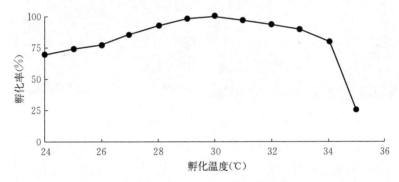

图4-12　孵化温度与孵化率关系

湿度：湿度是指孵化场所的空气湿度及孵化床基质的湿度，直接影响孵化床的透气性。孵化床的基质对湿度的控制十分重要。孵化场所的空气湿度控制在75%～85%，孵化床基质的湿度控制在5%～8%（图4-13）。

透气性：在孵化过程中，发育的胚胎需要呼吸空气中的氧气才能生存。孵化室为控制孵化温度往往会密封，如不及时通风换气，

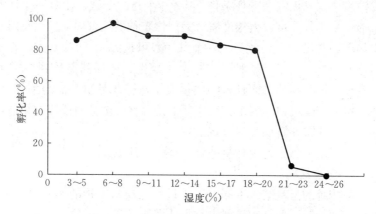

图4-13 孵化床基质湿度与孵化率关系

容易造成室内空气不新鲜，甚至受到污染。控制孵化基质含水量5%～8%，操作时手捏成团，手松沙散开。

在孵化过程中还要注意，孵化箱上下换层，经常松动孵化沙床表面，及时剔除已死或发霉的卵。

二、鳖种的培育

鳖种的培育是稻鳖综合种养模式的关键环节之一。收集刚孵化出的稚鳖后在小池或塑料大盆中暂养，用粉状稚鳖饲料进行驯食，2～3天稚鳖脐带收齐，卵黄囊吸收后即可以进入鳖种的培育阶段。鳖种的培育主要有大棚温室培育、保温大棚培育和池塘或稻田培育三种方法。

（一）大棚温室培育

稻田中放养大规格鳖种是目前稻鳖综合种养中主要的放养方法之一。温室培育主要目的是为稻鳖综合种养提供大规格的鳖种，其优势在于充分利用打破鳖的冬眠期，培育出大规格的鳖种。

当年孵化出的稚鳖在自然养殖条件下，往往经过较为短暂的生长后就要进入冬眠。利用温室将养殖的水温控制在鳖的最佳生长发育温度之内，无需在野外条件下5～6个月的冬眠，使鳖一年四季都能正常生长，可以大幅度缩短大规格鳖种的培育周期。当年孵化出的稚鳖在温室内培育8～10个月一般可长到400～500克。在稻田中放养这一规格的鳖种，在一个水稻生长周期就能长到约0.75千克规格的商品鳖，而且鳖的质量安全水平与品质都能得到提高。中华鳖温室＋稻田的养殖方法实际上是温室＋池塘两段法的拓展与延伸，对养鳖业转型发展有重要意义。

大棚温室培育大规格鳖种要掌握以下几点：

1. 温室结构

与传统的温室结构不同，用于培育大规格鳖种的温室要透光，能用清洁能源及配有养殖尾水收集处理池（图4-14）。

图4-14 新型透光大棚温室

（1）透光　温室顶棚要用透光的塑料板或塑料薄膜。透光顶棚利于鳖的晒背，增加鳖的体色光泽和促进鳖体的自然消毒。在培育池中还可以种植水草、浮萍等水生植物，利于养殖水质的控制与改善。鳖种放养前可以较快地调节水温、光线等，使其尽快适应稻田环境。

（2）加热保温　当水温下降到25℃以下时，要加热升温。温室加热要用清洁能源，如生物质能源、地热、太阳能、燃油炉等，不能用煤、工业及建筑业的可燃废弃物，防止污染空气。温室的墙体要用隔热材料隔热保温，以减少能耗。

（3）尾水处理池　温室养殖必须要配套合理面积的尾水处理设施。尾水处理池的面积与深度要以一次性收集所有排放的尾水为依据。一般情况下，养鳖池水位 50～60 厘米，以单座温室 1 000 米²计，一次性排放尾水 500～600 米³。要将所有的尾水都收集，不向周边水域直接排放未经沉淀处理的尾水，约需要总面积为 200 米²、深为 3 米的尾水池。在稻鳖综合种养模式中，鳖种培育的大棚温室可以与稻田种稻结合起来，将养殖尾水排到水稻田中，通过水稻吸养殖收尾水中的氮、磷，既处理了尾水，又为水稻田提供了有机肥料。

2. 温室面积

温室面积不宜太大，600～1 000 米²/座，也可几座温室连在一起。养鳖池为平面分布，池呈长方形或正方形，面积不宜太大，每个以 15～30 米² 为宜。池壁的高度约为 1.0 米。

3. 进排水及供气系统

（1）进排水系统　温室进排水系统有进排水管道、进排水口、阀门等组成。养鳖池池底倾斜，倾斜度约 1∶150。进排水口分开设置。进水口设置在池的一端，与温室调水池相连接；排水口设置在池底较低的一端，与温室内排水沟用阀门相连接。

（2）供气系统　供气系统主要有充气泵、充气管道和曝气头组成。一台功率为 1.1 千瓦的鼓风机可以满足一座面积为 1 000 米²的温室曝气需要。鳖池内放曝气头，一个 20 米² 的鳖池可放曝气头 5～10 只。

4. 鳖池的准备

在稚幼鳖放养前，鳖池要进行充分的准备：

（1）鳖池清洁消毒　新建池要注水浸泡。浸泡时间 10～15 天，期间要换水 1～2 次，旧池要清理干净。在放养前 7～10 天，每平方米用 150～200 克的生石灰化浆全池泼洒消毒，2～3 天后换水，并用每立方水体 20 毫克漂白粉进行水体消毒。

（2）设置网片或沙　池的一半左右面积挂网片，网片挂在预先做好的架子上。如用沙铺池底，则要用较粗的沙子，铺的厚度为15～20厘米，面积约占 2/3。

（3）搭好食台板或投喂场所　食台板作为投食的固定场所，取决于投喂的鳖饲料。目前鳖的饲料形态主要有两种，用粉状饲料制成的软性颗粒饲料和膨化颗粒饲料。投喂软性颗粒饲料的食台板可用水泥板、瓦棱板或木板等制成，长、宽可根据池的大小而定，一般为长 2 米，宽 0.8 米。投喂膨化颗粒饲料的，可用直径为 5 厘米的浮性 PVC 管道制成框架作为投喂的场所。框架为长方形或正方形均可，尺寸大小要根据池的大小而定，长方形的投饲台一般长为2.0～2.5 米，宽为 1.2～1.5 米。

5. 稚、幼鳖的放养

（1）稚、幼鳖的质量刚孵化出的稚鳖经暂养后脐带收齐、卵黄囊吸收，个体无畸形，行动活泼，规格在 3 克以上。从外地采购来的稚鳖，脐带收齐、卵黄囊吸收，体表无擦伤，个体无畸形，行动活泼，个体大小在3～5 克（图 4 - 15）。

图 4 - 15　稚　鳖

（2）放养密度　温室培育大规格的鳖种可分为一次放养，培育过程中不再分养，或一次放养，养殖过程中再分养一次。温室鳖池多，一般采用一次性放养，养殖过程中不再分养，以免影响鳖的摄食和擦伤鳖体引发疾病。如鳖池不足，可以高密度放养后再分养。因此，放养密度要根据是否在养殖过程中是否分养以及温室条件、要培育的鳖种规格及养殖者的技术与经验等具体情况而定。

温室条件好、养殖者有养殖经验可以适当提高放养密度。一般需要培育的鳖种规格为 400～500 克，可一次性放养稚鳖 25～30 只/米^2，中间不分养。表 4 - 7 是大棚温室放养规格、密度与养殖效果的分析比较，放养规格为同一批孵化的稚鳖，平均体重为 3.8 克，放养密度分为每平方米 15 只、20 只、25 只和 30 只。放养密度每平方米 25 只的综合养殖效果较好。

表 4-7 大棚温室放养规格、密度与养殖效果

放养密度 （只/米²）	放养规格 （克）	投喂饲料 （千克）	起捕数量 （只）	起捕规格 （克/只）	成活率 （%）	饲料 转化率
15	3.8	593	696	635	92.8	1.35
20	3.8	718	915	603	91.5	1.31
25	3.8	812	1 134	519	90.7	1.39
30	3.8	903	1 138	476	89.2	1.43

如果属于一次放养，养殖过程中还要分养的，则初次放养的密度还要考虑分养的时间。分养时间越往后移，初次放养的密度就越低。通常情况下，放养密度在每平方米 150～200 只，养殖 1～2 个月后分养，分养后的放养密度在 20～25 只/米²。

（3）投喂　鳖饲料的投喂要考虑日投饲率和日投喂次数。日投饲率是指投饲量与鳖体重之比。温室培育与室外池不同，水温可以控制在 28～32 ℃，属于鳖摄食最适合的温度，投饲率的高低不受季节的变化而是受鳖的规格大小影响。在养殖初期，鳖的个体小，日投饲率要高，随着鳖的个体长大，投喂的饲料量增加但日投饲率则逐步降低。一般个体在 50 克以内的日投饲率在 4%～5%，个体在 50～150 克的则为 3%～4%，150 克以上的日投饲率可为 2%～3%（表 4-8）。

表 4-8 鳖个体规格与日投饲率大小

规格（克）	≤50	50～150	≥150
日投饲率（%）	4～5	3～4	2～3

日投饲量为日投饲率×鳖的总重量。但在实际投喂时要看鳖的摄食情况、摄食时间和残饵的多少而定。一般摄食时间不超过 1.5

小时且无残饵为宜，如果摄食时间长、有残饵则说明投喂过多，要适当减少。

鳖的投喂次数一般日投两次，早上7—8时、下午5—6时各投喂一次，具体时间还要受季节的影响。在夏、秋季上午可适当提前，下午则适当推后，冬季则反之。

（4）保持水质良好　温室培育鳖种，鳖的密度大、水温高、摄食多，水容易变质从而影响鳖的生长发育和健康。因此，水质的控制十分重要。

控制水质的方法较多，比较实用的有曝气、换水和消毒：①曝气，通过曝气，增加水中的溶解氧，促进水中残饵与鳖的排泄物的分解与氨气等有害有毒气体的排放。充气泵不间断充气，保持充分的曝气。②换水，换水是保持水质的常用办法。当鳖在池中养殖到一段时间后，要进行部分或全部换水。一般情况下平时以部分换水为主，换水间隔时间视水质情况而定，一般每隔7～10天换1/4～1/3。如果在夏、秋天，温室外水温25 ℃以上时可直接从温室外水体中取水。冬季换水时首先要将水抽到调温池加温到30 ℃，再换水。当池中水质变黑发臭时，则要全部换水。

换水时要注意几点：①温差不能过大，以避免鳖的应激反应。一般温差要求控制在2～3 ℃以内，不超过5 ℃。②利用换水机会，清扫池底、投饲台或投饲框等。

（5）消毒　在养殖过程中，可根据水质情况或换水时用生石灰消毒。生石灰既可消毒，又可改良水质。生石灰用量在20毫克/升，在使用时，将生石灰用水化浆后全池泼洒。

（6）做好养殖日志　养殖日志将养殖过程中一些重要的内容进行记录，内容包括鳖的放养、饲料投喂、病害防治等情况，记录第一手资料，这在总结分析养殖经验教训及质量追溯中具有十分重要的作用。

（二）保温大棚培育幼鳖种

1. 保温大棚作用

保温大棚与温室的主要区别在于保温大棚只保温不加热。因此，大棚、养鳖池的结构均比较简单。不加温大棚培育鳖幼种是目前稻鳖综合种养中鳖幼种的重要来源，其主要优势在于：

（1）利用大棚的保温性尽可能延长鳖的生长期　鳖是变温动物，生长发育适宜的水温在 25 ℃以上，水温下降到 22 ℃以下时停止投喂。在我国的主要养鳖区如长江流域的江苏、浙江、湖北、湖南、江西等地，鳖的停止摄食冬眠期约在 10 月初到次年的 4 月底。保温大棚利用大棚的透光性，有效吸收阳光保温。一般情况下，可延长生长期 1.5～2 个月。

（2）利于当年后期孵化的稚鳖成活　通常情况下，最后一批蛋孵化出稚鳖的时间已经接近停止摄食的季节。如将其直接放养在稻田等室外水域，成活率低。经保温大棚培育，稚鳖到停止摄食冬眠还有 1 个月左右的生长期，到保温大棚打开、鳖进入冬眠时，规格已经达到 10～20 克，可大幅提高越冬成活率。笔者在 2017 年利用保温大棚培育稚鳖，7 月 28 日放养刚孵化出的稚鳖 2.5 万只，平均规格 3.6 克，平均放养密度 50 只/米²，到 10 月 17 日，体重达到 22.0 克，共投喂饲料 440 千克，饲料转化率为 1.07，成活率 97.8%（图 4 - 16）。

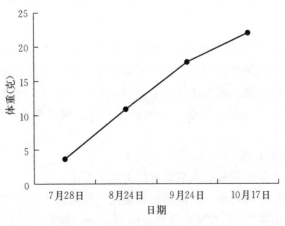

图 4 - 16　保温大棚稚鳖生长情况

（3）大棚结构简单、成本低　与加热温室比较，保温大棚结构简单。在养鳖池上搭建大棚内，棚顶的材料有阳光板、塑料薄膜等，不需要安装加热系统、调水池等，建设成本低。搭大棚的费用在每亩5万～10万元，具体还因大棚材料与结构、当地劳务成本等而有差异。鳖池为土池或池周边护坡，池底为泥土的高标准池。池塘的面积和池深标准不一，但池太大顶棚搭建较难，池小则利用效率不高。一般情况下，面积可在2～5亩，池深在2.5～3.0米（图4-17）。

图4-17　保温大棚

（4）培育的幼鳖种适应稻田养殖环境　保温大棚培育的幼鳖种只是利用自然条件保温以延长生长期而已，并不加温，在冬季也要冬眠；同时，池一般为土池或有护坡、池底为泥土的池塘。因此，其生长的环境与稻田等室外环境相似，可以提高放入稻田时的成活率。

2. 技术要点

保温大棚的养殖要点主要有以下几个方面：

（1）稚鳖的规格　稚鳖的初始重量与稚鳖的生长有关。刚孵化出的稚鳖需要2～3天暂养驯食、脐带收齐、卵黄囊吸收后可以放养。宜选用个体在3.5～4.0克、体表无擦伤、行动敏捷的稚鳖。

（2）放养密度　保温大棚的放养密度依大棚的基础条件和要培育的幼鳖种规格大小而定。大棚的基础条件主要是大棚棚顶的结构与鳖池的结构。顶棚用双层薄膜或阳光板，保温性较好，可适当多放；鳖池为土池的要降低放养密度，鳖池为周边护坡、池底为泥土的高标准池则可增加放养密度。要培育的幼鳖种规格大小与放养密度密切相关：①培育100～200克的幼鳖。稚鳖放养后，经一年左右的培育，个体达到100～200克，即可放入稻田养殖。在这一情况下，大棚条件好的，一般每亩放养量在1.5万～2.0万只，条件一般的则在1.0万～1.5万只，土池大棚在0.8万～1.0万只。②培育规格在400～500克的大规格鳖种。要培育大规格鳖种，一般在大棚内的培育时间约为2年。这一规格的鳖种在培育过程中，可进行一次性放养，中期再进行分养。

对于初次放养的密度较高的大棚，经一年养殖后要进行分养。分养后的放养密度要根据规格大小有所区别。在条件较好的大棚，放养规格在150克以上的，每平方米放7～8只；规格在150克以下的每平方米10只左右。对于土池大棚，放养密度要适当降低，一般初次放养稚鳖0.8万～1.0万只（彩图17）。

（3）饲料投喂　保温大棚鳖池面积较大，一个鳖池养殖的鳖总量大，保持水质良好与稳定尤为重要。当前养鳖常用的粉状饲料为传统饲料，使用十分普遍，但由于在水中容易失散，污染水质，因此提倡使用膨化颗粒饲料。

保温大棚养鳖，鳖的日投饲率与温室养殖不同，既要考虑鳖的规格，还要看水温的变化。稚鳖放养初期的日投饲率在4%～5%，后期减少到1%～2%；当水温下降时，日投饲率也随之下降，直至停止投喂。一般在水温28℃以上时，鳖饲料的投喂以预定的日投喂量投喂，当水温下降至25～28℃时，投喂量应下降到预定日投喂量的70%～80%，当水温下降到22～25℃时，则为50%左右，低于22℃时，停止投喂，打开大棚越冬。每日投喂的饲料量应根据日投饲率和鳖体总重量计算，结合鳖的摄食情况确定。膨化颗粒饲料的投喂要在固定场所。鳖池可根据面积大小设置1～2个投饲框，每个投饲框面积在 10～15 米²。投喂次数为日投 2 次，上、下午各一次。

（4）水质控制　保温大棚换水少或只补水不换水，保持水质的良好与稳定应作为养殖管理的关键：①换水或注水补水。当鳖池的水开始变黑，有氨气味时，要适当进行换水或注入新水。换水或注入新水时要注意室外水温，当室外水温 25 ℃时可大量换水或注入新水，水温 20～25 ℃，可少量换水或补水，低于 20 ℃时不换水。注意室内外水温差以不超过 3 ℃为宜。②常用生石灰。生石灰具有杀菌消毒与水质改良的双重作用。在饲养期间，每隔 15～20 天用 20 毫克/升的生石灰化浆后全池泼洒。③种植水生植物如水葫芦、水花生、浮萍等，通过水生植物吸收水中的营养物质。水生植物的种植的面积控制在 1/3 左右。④充分充气增氧。养殖池鳖数量多，排泄物也多，要充分曝气增加水中溶解氧，以加快分解有机物。池中的溶解氧要保持在 5 毫克/升以上。养鳖池要配备水面增氧机和底部增氧机，每亩功率 1～1.5 千瓦并在投饲期间不间断充气。

（5）越冬　保温大棚只保温、不加温。其目的是利用大棚保温延长生长期，因此一年中还有几个月的时间需要冬眠。由于鳖的密度较一般的池塘养殖高，做好越冬管理，减少疾病发生尤为重要。鳖一年中的生长季节是否结束，进入冬眠取决于水温。当室内水温下降到 22 ℃以下时，鳖的摄食活动明显下降，此时如继续投喂饲料，鳖摄食少，但是还会在池四周爬动，鳖抗病能力下降，容易发病死亡。因此，此时要停止投喂，打开棚顶，使室内池水温在下降到与室外池水温一致，鳖开始进入冬眠。

（6）分养或出池　稚鳖经一年左右的养殖，规格可达 100～200 克，此时可以分养继续培育或直接起捕作为幼鳖种放入稻田养殖。

对于分养后继续培育至大规格的鳖种，分养时要注意几点：①分养季节。分养宜在大棚开始重新覆盖、鳖开始苏醒时进行，具体分养季节各地有所不同。在长江流域一般在 3 月下旬到 4 月初可以进行。②分规格放养。经一年左右的养殖，鳖的大小规格已有明显差异，通常在100～200克，利用分养机会进行大小分养。

（三）稻田培育幼鳖种

将刚孵化出的稚鳖，经暂养驯食、脐带收齐、卵黄囊吸收后即可在稻田中培育成幼鳖种。稻田培育幼鳖种，由于受稻田的条件限制，一般以培育小规格的幼鳖种为宜。这一幼鳖种培育模式虽然受自然条件制约，养殖周期长，稚、幼鳖受天敌危害风险较大，但由于不需要建设大棚温室和养鳖池，投资少，仍然为养殖户尤其是规模不大的养殖户采用。

1. 稻田的准备

培育幼鳖种的稻田除了要做好进排水沟渠、田埂加高加固等一些田间工程外，必须要建好培育池。培育池可在原有开挖的坑基础上适当扩大与整修。一般选择面积较大的稻田，开挖不超过10%面积的坑作为专用培育池。专用培育池要有一定的深度，通过下挖上抬的方法，培育池能保持水深0.8～1.0米。

2. 防逃、防天敌设施

逃逸与天敌的捕食是影响稻田中培育稚鳖成活率的主要原因之一。

（1）逃逸　稚鳖个体小，逃逸能力强，特别是在下雨天可从防逃围栏的四角、围栏接缝处、底部的漏洞中逃逸。因此，培育池要用塑钢板四周围住，塑钢板高40～50厘米，底部埋入土中15厘米，四角呈圆弧形，防止幼鳖逃逸。

（2）天敌　稚鳖个体稚嫩、规格小，有不少天敌。主要有白鹭、苍鹭、蛙、老鼠以及蛇等，特别是近几年来随着生态环境的改善与动物保护，白鹭、苍鹭等大量增加，对养殖在露天稻田中的稚鳖特别是养殖密度较高的稚鳖培育池的稚鳖杀伤很大，一只成年白鹭可一次性捕食40余只稚鳖。因此，除了四周用塑钢板或其他光滑的材料围起来外，尤其要防止白鹭和苍鹭等空中天敌。其做法是在培育池或在投饲台（框）上方搭建大网目的渔网，可有效防止白鹭等天敌（图4-18）。

3. 培育池消毒

每平方米用生石灰150～200克进行消毒，杀灭池内的病原体、有害生物及其幼体与卵等。

4. 提早放养

在稻田中培育稚鳖，除了稚鳖的规格大小与质量外，提早放养尤为重要。

露天稻田的水温随着天

图 4-18 防鸟网

气的变化而变化。如果放养的稚鳖为后期孵化出的，则放养不久就会因水温的下降减少或停止摄食。瘦小的稚鳖往往难以度过较长的冬眠期。因此，要尽量提早放养，使放养的稚鳖在越冬之前有较好的体质度过冬眠期。因此，要放养早期孵化出的稚鳖。在长江流域本地苗的放养一般要求在 7 月初开始，7 月底至 8 月初之前完成放养。放养的稚鳖在稻田中有 2～2.5 个月的生长期，长到 25～50 克的规格再进入冬眠，可大幅提高越冬成活率。

5. 放养与分养

（1）放养密度 受露天稻田条件的限制，要适当控制放养密度。条件较好的稻田，一般亩放养 5 000～6 000 只。

（2）稚鳖培育到次年生长期结束后分养 提早放养的稚鳖，经 2 个月半左右的培育后，大多数个体的规格在 30～50 克。第二年在稻田培育池中再养殖一年，多数个体可达 150～200 克，可以作为稻田养殖的鳖种分养出田，用于稻田的成鳖养殖。

6. 饲料投喂

投喂的鳖饲料有稚幼鳖粉状饲料和膨化颗粒饲料两种。粉状饲料在投喂前需要加水约 40%，制成团状饲料或软颗粒饲料；膨化颗粒饲料要根据稚鳖规格大小选择合适的颗粒大小，一般选择 2 号料或 3 号料。投喂饲料时，将饲料投在设置在鱼沟坑中的投饲台上，日投喂两次，上、下午各一次。

（四）鳖的饲料

我国大规模商业化养鳖的历史不长，开始于 20 世纪 80 年代末，但对鳖的营养与饲料的研究则始于 90 年代初，并作了大量的研究，研发了各个生长发育阶段的全人工配合饲料。鳖的全人工配合饲料主要有粉状饲料与膨化颗粒饲料两种。

1. 粉状饲料

（1）粉状饲料营养要求　粉状饲料是传统养鳖用的饲料，于 20 世纪 80 年代末随着养鳖业的兴起而发展起来一直沿用至今，其基本营养要求较高，其主要营养成分根据鳖的不同生长发育阶段有所不同，根据笔者多年来的养鳖经验与对鳖饲料的营养研究，结合现有的研究结果，稚、幼鳖阶段对饲料中的营养要求较高，粗蛋白 42.0%～46.0%，脂肪 5.0%～8.0%，粗纤维≤2.0%，粗灰分≤17.0%，钙 2.0%～3.0%，磷 1.2%～2.0%；成鳖阶段特别是在池塘、稻田养殖的鳖，饲料营养成分要求可以明显降低，一般可以粗蛋白 40.0%～43.0%，脂肪 5.0%～8.0%，粗纤维≤3.0%，粗灰分≤18.0%，钙 2.5%～3.0%，磷 1.0～2.0%。表 4-9 是中华鳖饲料的国家推荐性标准，列出的营养指标是对中华鳖饲料的基本要求。

表 4-9　中华鳖粉状配合饲料国家标准（GB/T 32140—2015）（%）

营养成分	粗蛋白（≥）	粗脂肪（≥）	粗纤维（≤）	粗灰分（≤）	钙	磷	水分（≤）	粉碎粒度（≤）
稚鳖	42.0	4.0	3.0	17.0	2.0～5.0	1.0～3.0	10.0	4.0
幼鳖	40.0	4.0	3.0	17.0	2.0～5.0	1.0～3.0	10.0	6.0
成鳖	38.0	5.0	5.0	18.0	2.0～5.0	1.0～3.0	10.0	8.0

（2）配方　粉状饲料的基础配方主要配料为白鱼粉、进口红鱼粉、优质国产鱼粉、α 淀粉、优质发酵豆粕、酵母以及适量的维生素、微量元素添加剂等。其中鱼粉的含量较高。比较典型的基础配方一般为白鱼粉、红鱼粉 50%～60%，α 淀粉 22%～25%，优质发酵豆粕 10%～15%，面筋粉 8%～10%，酵母 3%～5%。

　　鱼粉是鳖饲料的主要蛋白来源，也是构成饲料的主要成本。由于鱼粉种类、来源不同，价格相差很大。因此，合理选用鱼粉，使自配的粉状饲料在提供所需营养的情况下，可以显著降低成本。在鱼粉的用量配比中，一般对于稚鳖饲料，白鱼粉的用量配比要大一些；对于成鳖饲料，则可以增加红鱼粉或国产优质鱼粉的配比。

　　（3）加工工艺　　粉状饲料加工工艺比较简单，关键是搅拌混合和超微粉碎。要求稚、幼鳖饲料的粉碎细度95％要通过标准筛80～120目*，成鳖饲料通过80目以上。粉状饲料的水中稳定性非常重要，主要靠α淀粉提供黏性。

　　粉状饲料具有良好的适口性，一直以来为鳖饲料的主要饲料形态，但也存在水中稳定性不足、饲料容易散失、养殖水质不易控制等问题。近几年来，随着膨化颗粒饲料的推广应用，越来越多的养鳖业主用膨化颗粒饲料替代粉状饲料养殖，取得了良好的养殖效果。

2. 膨化颗粒饲料

　　膨化颗粒饲料的推广应用是鳖用饲料与养鳖技术的一项重要技术改进。针对传统的鳖用粉状饲料存在的水中稳定性不足、饲料容易散失、养殖水质不易控制以及耗工、耗时缺点，笔者于2009年在浙江海宁一家养鳖公司开始使用膨化颗粒饲料，2010年开始在浙江省水产技术推广总站试验示范基地全面推广与应用并取得良好的效果，目前膨化颗粒饲料已经全面推广应用。

　　膨化颗粒饲料与粉状饲料主要不同在于加工工艺与基础配方，其养殖效果也比较理想。

　　（1）加工工艺不同　　粉状饲料主要是粉碎和混合，95％以上的粉状基料通过80目筛即可，而膨化颗粒饲料基料95％通过80

---

　　* 筛网有多种形式、多种材料和多种形状的网眼。网目是正方形网眼筛网规格的度量，一般是每2.54厘米中有多少个网眼，名称有目（英国）、号（美国）等，且各国标准也不一，为非法定计量单位。孔径大小与网材有关，不同材料的筛网，相同目数网眼孔径大小有差别。——编者注。

目，并在膨化温度 105～110 ℃，蒸气压 0.5～0.6 兆帕，调质温度 95～105 ℃，时间 180～300 秒条件下加工成型。在粉状饲料中黏结剂为 α 淀粉，在膨化颗粒饲料中由于高温调质和膨化，原料中的植物性淀粉经熟化后可做黏结剂，因此可用面粉替代，既降低成本又增加了部分植物蛋白。因此，在基础配方方面也有显著差异（彩图 18）。

（2）基础配方不同　膨化颗粒饲料由于高温调质，植物性蛋白经熟化更容易消化吸收，可以适当加大植物性蛋白的比例，降低鱼粉特别是白鱼粉的比例。典型的配方为进口白鱼粉 25%～30%，进口红鱼粉或优质的国产鱼粉 20%～25%，豆粕 10%～15%，玉米蛋白 10%～15%，高筋面粉 18%～20%，啤酒酵母粉 3% 及预混料等；主要营养成分为粗蛋白 45%～47%，粗脂肪 5%～6%，灰分 15%～17%。饲料转化率温室养殖在 1.1～1.2，池塘养殖在 1.2～1.5。

膨化颗粒饲料的颗粒大小可分 2 号、3 号、4 号、5 号及 6 号料 5 种，其主要营养成分也有差异，以适应不同规格的养殖对象。一般饲养稚鳖、幼鳖的用 2 号、3 号料，粗蛋白含量在 46%～48%，稚、幼鳖阶段白鱼粉的占比较大，饲养成鳖的有 4 号、5 号料，成鳖阶段进口红鱼粉或优质国产鱼粉的占比可以提高，粗蛋白含量约为 45%。

（3）膨化颗粒饲料效果　笔者在用粗蛋白含量约 45% 的渔用膨化颗粒饲料试养中华鳖获得初步成功的基础上，2010 年在浙江省水产技术推广总站试验示范基地开展了膨化饲料的推广应用并取得了良好的效果。推广应用结果显示，膨化饲料具有以下几点优势：①水中稳定性好，不失散。膨化颗粒饲料在水中稳定性好，浮在水面上容易观察被摄取情况，饲料不浪费、不失散，利用率高，饲料转化率在 1.4～1.5。②成本低。配合饲料除了饲料加工成本增加外，主要的原料成本可大幅度降低。由于饲料加工过程中的高温熟化，提高了主要原料的营养成分的利用率，在主要原料中可以适当提高国产鱼粉、发酵豆粕等的比例，熟化的植物淀粉可以替代粉状饲料中作为黏结剂的 α 淀粉等，原料的成本大幅下降，饲料成本总体上比粉状饲料低 20％左右。③使用方便。膨化颗粒饲料在投喂前不需要再进行加工，可以像投喂鱼饲料那样投喂鳖饲料，大大方便了使用，减轻了劳动强度。④对水质污染少。膨化颗粒饲料经高温膨化后，淀粉熟化，比重下降，浮在水面上，减少了换水次数和换水量。

（五）养鳖的尾水处理

养鳖尾水主要污染物为氮、磷及颗粒状悬浮物，主要来源是鳖的残饵及排泄物，未经处理直接排放会使周边水域的藻类大量繁殖，造成周边水域水质的富营养化，但这类污染物与其他污染物不同，在自然水域中可以被其他生物分解吸收，对生物体本身不产生直接危害，因此在性质上属于营养性的污染，也可称之为"良性"污染。正因为如此，养殖尾水的处理相对容易，可以用收集沉淀、生物处理或利用等方法处理。

1. 养鳖尾水的收集处理

对于稻鳖种养来讲，稻田就是养殖尾水的收集场所，水稻就是尾水处理的生物处理手段。鳖的残饵与排泄物可作为水稻的优质有机肥被利用，不仅有效处理了养鳖尾水产生的污染，而且显著降低化肥的使用，提高水稻的产量与品质。对于用大棚温室或保温大棚培育鳖种，一般在此阶段鳖稻种养场所分离，必须进行养殖尾水的收集与处理，做到不向周边水域直接排放未经处理的养殖尾水。

养鳖尾水排放量相对较少，而且污染的性质属于营养性的有机物污染。因此，通过配套建设尾水收集处理池可以较好解决尾水污染的问题。

（1）尾水收集处理池的面积 尾水收集池的面积要根据培育鳖种的温室鳖池的面积而定。一般大棚温室培育鳖种，鳖池水位较浅，在养殖初期的稚鳖阶段一般在 30～40 厘米，在后期加温养殖阶段在 50～60 厘米。在养殖期间为节约能源一般只少量换水或补水，尾水的排放量不大。一座养殖面积为 1 000 米² 的大棚温室可以培育大规格鳖种约 2 万只，如一次换水 1/3，换水量约为

200 米^3；如果起捕全部排干，也只有 500～600 米^3 的水体。因此，配套建设面积约 200 米^2、深度约 3 米的尾水收集处理池能够满足收集处理尾水的需要。大棚温室和尾水处理池面积比例为（4～5）：1。

（2）尾水收集处理池结构 一般为长方形，长宽比（3～4）：1，可分隔成尾水收集沉淀池和尾水处理池。尾水收集沉淀池一般以 2～3 级为好，通过池壁上方开口使收集的尾水上层水从一级收集池溢出到次级池，再到处理池（彩图 19）。一般收集池面积较小，处理池面积

图 4-19 尾水收集池（种植水草）

较大并配套充气泵，充分曝气，种养一些水生植物等，可以有效降解和吸收氮、磷（图 4-19）。

（3）尾水处理效果 据测定，养鳖尾水经过收集沉淀、处理等环节，主要污染物总氮去除率 85%、总磷去除率 88%、颗粒状悬浮物 97%（表 4-10）。如果培育大规格鳖种的温室配套建设在鳖稻种养区，可以将尾水排放入稻田中，作为稻的有机肥料。

表 4-10 尾水处理结果

污染物	总氮	总磷	COD_{cr}	氨氮	悬浮物	BOD	透明度
去除率（%）	85	88	84.6	75	97	88	—
含量（克/厘米^3）	66.9	22.6	262.9	30.9	90	74.6	80 厘米以上

第三节 稻田养殖成鳖

稻田成鳖养殖是鳖稻综合种养的基本模式。由于各地的地理位置、稻作方式不尽相同，采用的养殖方法也有变化。在水稻种

植上，有单、双季稻田；在鳖的放养规格上，有稚鳖、小规格鳖种和大规格的鳖种；在鳖稻种养模式上，有鳖稻共作和鳖稻轮作等。

一、鳖稻共作的养殖模式

鳖稻共作指稻鳖在相同的田块和季节进行种养，稻鳖共作模式为当前主要的稻鳖种养模式。其主要的技术要点有：

1. 田间工程的检查与准备

养殖成鳖的稻田，无论是双季稻田还是单季稻田均必须要进行田间工程建设，主要内容包括平整稻田、开挖沟、坑，加高、加宽、加固田埂，开挖或铺设进排水渠（沟）或管道等。在鳖的放养之前，则需要进行各项设施的检查与准备，包括防逃、防天敌设施，开挖的沟、坑，进排水渠（沟）、管道，田埂、投饲台（框）等。

2. 消毒

稻田消毒最常用的药物是用生石灰。用生石灰消毒，亩用约100千克的生石灰化浆后全田泼洒，重点在沟、坑。用生石灰全田泼洒除有消毒作用外，还有改良土壤的作用。

3. 放养方式

无论是双季稻田还是单季稻田，其放养的鳖种规格、密度等要求相似，主要有三种放养方式：

（1）**放养稚鳖** 将刚孵化出的稚鳖直接放养在稻田中，直至养成。这一放养模式中，鳖的整个生长期均在稻田中。由于放养的稚鳖规格小，养殖3～4年后才能达到商品规格，养殖周期太长，风险较大。但由于养成的鳖在市场上被认为品质高，经品牌注册后，市场价格较高。

放养的稚鳖要经暂养驯食，脐带收齐，卵黄囊已经吸收，规格在3.5～4.0克，亩放养1 500～2 000只。稻田中放养稚鳖养成鳖，由于养殖周期长，一般为分段养殖，即先将稚鳖培育成小规格的鳖种，经分养后再养殖成鳖。

（2）放养小规格鳖种 放养小规格鳖种是指放养经一段时间培育后的小规格鳖种。

小规格鳖种的来源主要有两个：①稻田培育而成，稚鳖在稻田培育池中养殖到次年生长周期结束，个体规格达 100～200 克，经分养后直接放入稻田直至养成商品鳖。②利用保温大棚培育的鳖种。保温大棚放养当年稚鳖，经次年一年养殖后规格达到 150～200 克的鳖种。

放养这种规格的鳖种到养成商品规格，一般放养密度在每亩500 只左右，还需要在稻田中养殖 2 年左右，养成的商品鳖质量与品质与直接放养稚鳖相差无几。

（3）放养大规格鳖种 在稻田中放养体重 400～500 克以上的大规格鳖种。大规格鳖种主要是温室培育。这种放养模式采用的是"温室＋稻田"的新型养鳖模式，可以实现当年放养、当年收获，养成的鳖的质量安全与品质均能得到保障，是目前中华鳖养殖结构调整与鳖稻综合种养的主要模式。放养的密度要根据田间工程建设的标准高低，养殖者经验、技术等情况而定。田间工程标准高，养殖者有养殖经验的亩放养 500～600 只，条件一般的 200～300 只。鳖种的质量要求是无病、无伤，体表光滑、有光泽，裙边坚挺及肥满度好的鳖种。

4. 放养季节

鳖要放养到露天水域中，一般要求水温要稳定在 25 ℃以上。各地因地理位置不同，气候差异较大，水稻种植与鳖的放养季节差异较大。在长江流域鳖的主要养殖区和水稻种植区，双季稻田一般在 4 月中下旬到 5 月上中旬，单季稻田则在 5 月中旬开始。在放养时，如果水稻还未插秧或未返青，可以先放入沟、坑中，待水稻插秧返青后再放入大田中。如果插秧的水稻已经返青，可以直接将鳖种放入稻田。稚鳖的放养要尽量放养早期稚鳖，一般在 7 月就要放养。

笔者开展了不同茬口技术试验。选择规格大小基本一致的 8 块田开展不同放养密度试验，设置 4 个梯度的放养密度，分别为 400 只/亩、600 只/亩、800 只/亩和 1 000 只/亩，重复 2 个平行。中华鳖品种为本地种，放养规格为 100～200 克/只，水稻品种为公司培育的清溪 10 号，种植密度 8 000 株/亩。结果见表 4 - 11。

表 4 - 11　稻鳖综合种养模式下不同中华鳖放养密度的试验结果

放养密度	先鳖后稻		先稻后鳖	
	水稻产量	中华鳖产量	水稻产量	中华鳖产量
400 只/亩	464 千克	174 千克	609 千克	155 千克
600 只/亩	446 千克	248 千克	593 千克	228 千克
800 只/亩	417 千克	332 千克	633 千克	306 千克
1 000 只/亩	384 千克	357 千克	592 千克	320 千克

　　结果可见，在每亩放养 400 只、600 只、800 只和 1 000 只 4 个梯度情况下，先鳖后稻亩产量分别为 464 千克、446 千克、417 千克和 384 千克，先稻后鳖亩产量分别为 609 千克、593 千克、633 千克和 592 千克。先稻后鳖水稻亩产量明显高于先鳖后稻的亩产量。同时，随着中华鳖放养量的增加，中华鳖产量也随之增加。因此，笔者认为先稻后鳖不仅可以获得水稻高产，且在实际操作中也较为方便。

5. 饲料投喂

　　稻鳖共生的稻田，鳖的放养密度是一个十分重要的参数，放养少，控制虫害、杂草及肥田的效果不明显，鳖稻综合种养的效益也不能充分显示。因此，要有合理的养殖密度，实行半精养或精养。

　　稻田中有鳖的天然饵料，如各类底栖动物、水生昆虫、螺蚬、野生小鱼虾及水草等，但这些天然饵料不足以满足放养的鳖的生长发育需求。因此，必须投喂人工配合饲料。

　　鳖的饲料有粉状料和膨化颗粒饲料两种，近几年来，膨化颗粒饲料的使用越来越普遍。当水温达到并稳定在 28 ℃，不超过 35 ℃时，要加大投喂量。日投喂占体重的 2%～3%，小规格鳖种的日投喂率 3%～4%，日投喂两次，上、下午各一次。当水温下降时，逐步减少投喂量，投喂的场所设置在开挖的坑中的投饲台（框）内。当水温下降到 22 ℃以下时停止投喂（表 4 - 12）。

表 4 - 12 江苏、浙江一带季节水温变化与日投饲率的关系

月份	5 月	6 月	7 月	8 月	9 月	10 月
水温（℃）	22～27	25～28	28～32	28～34	28～32	20～25
日投饲率（%）	1.0～2.0	2.0～2.5	3.0～4.0	2.5～3.5	2.0～3.0	0.5～1.0

6. 日常管理

稻鳖共生，养鳖的管理除要充分协调种稻与养鳖的关系外，养鳖的管理还要注意以下几个方面：

（1）防逃 鳖在稻田沿着防逃围栏周边爬行，尤其刚刚放养后或遇到天气闷热、下雨天等，如遇到防逃围栏破损，田埂有漏洞、倒塌，会引发鳖的出逃，特别是稚鳖或小规格的鳖种。

（2）鳖的摄食、活动状况 稻田水浅，田水的环境与其他水域环境相比容易变化，不稳定。因此，要随时观察鳖的活动与摄食情况。此外，要定期抽样检查鳖的生长情况。

（3）要根据水稻种植需要的实际情况，尽量提高稻田的水位 尽管鳖是爬行动物，对水的要求不如鱼、虾等其他品种，但如能保持适当的水位有利于鳖的生长。

（4）做好日志 记录在种养过程中的一些重要的事项如放养、投喂、抽样检查以及病害发生与防治等情况。

二、鳖稻轮作模式

鳖稻或稻鳖轮作是一种常见的稻鳖综合种养的模式，其主要利用有两种：①鳖池种稻，进行鳖稻轮作（彩图 20）。稻田可以养鳖，反之，养鳖的池塘也可以种稻，即养鳖后在鳖池里种植一茬水稻，称为鳖稻轮作。②稻鳖轮作，即稻田种植一茬或数茬水稻，养殖一茬鳖。

（一）鳖池轮作水稻

1. 鳖池轮作水稻的好处

利用养鳖池进行水稻种植，是稻渔综合种养模式的一种创新，其不仅能增加稻米的产量，而且也利于鳖的养殖，主要有以下几点好处：

（1）鳖池十分适合于水稻的种植　养鳖池塘经过多年的养殖，池塘底部土壤中存积大量的有机物质，土壤肥力好，不需要施肥；鳖池轮作水稻，水稻的病虫害少，可以不使用或少用农药。

（2）有利于鳖的养殖　鳖在池塘中经过多年养殖后，池塘底部存积的大量有机物质会滋生大量各种鳖的致病菌，造成鳖病多发。轮作水稻后，底部的有机物质成为水稻的优质有机肥，可以被水稻利用、吸收；水稻的搁田和收割时的干田均利于杀灭池塘底部土壤中的致病菌，改善土壤，有利于鳖病的控制。

（3）为其他品种的养殖池塘提供了轮作的好模式　我国池塘众多，一些池塘面积较大、水位浅，经多年养殖后种植1～2茬水稻或其他作物，不仅能产出优质的农产品，而且可以有效改善池塘养殖环境。特别是养殖蟹、虾等甲壳类的池塘一般较浅，适合于稻渔轮作，推广应用前景良好。

2. 轮作鳖池的要求

鳖稻轮作的鳖池要有一定的条件，其主要是：

（1）鳖池池底　轮作池塘的底部土壤为泥土，池底较平整，以抬高塘埂为主建成的鳖池为好。

（2）鳖池面积　单个的鳖池面积不宜太小，一般要求在3～5亩，面积小不利于田间操作与管理。

（3）鳖池深度　轮作池塘一般要求池塘不深，水较浅，在养鳖时水深在1米左右，在种植水稻时可以将水较快排干，特别是在多雨季节排水方便，不会发生洪涝灾害。

3. 水稻种植与管理

（1）轮作鳖池准备　当养殖的鳖起捕收获后，将鳖池中的水放干，经多年养殖的鳖池底部会有大量的淤泥沉积，在水稻种植之前让池塘底部曝晒 3～5 天，改善池底土壤的透气性、加快有机物的分解。

（2）水稻的种植　轮作鳖池一般种植单季稻，水稻品种的要求为抗病虫能力强、叶片角度小、透光性好、抗倒、分蘖强、成穗率高、穗大、结实率高的优质迟熟高产品种，目前较为合适的有甬优 538、嘉优 5 号、嘉禾 218、浙中优系列等。

插秧季节与方式：各地插秧季节因地理位置差异而有不同。在长江流域一般 4 月中下旬就可以播种。播种的方式多样，但养鳖池塘由于土壤肥，插秧密度要适当低些，以增加透气性。可采用大垄双行的插秧，每亩种植在 0.6 万～0.8 万丛。

（3）水稻管理　轮作鳖池中在水稻种植期间，水稻是唯一的管理对象。因此，在整个水稻生长发育期间，根据水稻种植的管理技术规范进行，包括水位管理、搁田、水稻收割等。鳖池轮作水稻一般不需要施肥和使用农药。

4. 鳖的养殖

当水稻收割后，种植过水稻的鳖池又重新可以养鳖。

（1）轮作鳖池的清整消毒　水稻收割后，对轮作鳖池进行检查、修整与消毒：①要检查鳖池的塘埂及防逃设施、进排水渠或管道等设施是否破损，发现问题及时修复。②要杀菌消毒。将水稻收割后的鳖池池底曝晒干裂，利用阳光杀菌，在鳖放养前约一周每亩用 100～150 千克生石灰带水化浆消毒，杀灭病原体。

（2）鳖的放养

① 放养季节　水稻收割后，鳖池进行整修消毒后可根据实际情况进行放养。如果放养经稻田、保温大棚、露天池塘培育的鳖种，由于这些设施中的水温与要放养的鳖池水温无差异，可利用初春在鳖种培育过程中对鳖种分养时进行放养；如放养大棚温室培育的大规格鳖种，则要在水温稳定在 25 ℃以上时放养较合适，长江流域一般在 6 月初。

② 鳖的放养规格与密度　鳖池经过一季水稻种植后，养殖条

件有了显著的改善。放养的密度与规格根据鳖种的来源和商品鳖的养殖周期而定。如养殖周期为一年的，则要放养大规格的鳖种，一般要求体重在 0.4～0.5 千克，放养量为每亩 1 000～1 200 只，经过一个生长周期的养殖，规格可达 0.75 千克以上，可起捕上市。小规格的鳖种要养殖 2 年左右才能达到 0.5～0.75 千克的规格。放养密度为每平方米放 100～200 克的小规格的鳖种 2～3 只。

（3）鳖的饲养与管理　鳖的饲养与管理按照专养鳖池的技术要求进行。主要是做好鳖池的水质控制、饲料投喂及病害防控等。池水透明度控制在 30～40 厘米，并保持水质清爽，水的透明度太大，会增加发生病害的风险。投喂的饲料提倡用膨化颗粒饲料，日投饲率根据鳖的规格大小和水温的变化而变，一般在生长旺季 2%～4%，25 ℃以下 1%～2%，日投喂两次，上、下午各一次。当水温下降到 22 ℃以下时，减少投喂直至停止投喂。鳖的病害主要以防为主。鳖池种植水稻后，鳖的病害会相对较少，平时主要做好鳖种放养时的消毒，不定期用 20 毫克/升浓度的生石灰进行水体消毒。

（二）稻田稻鳖轮作

对于稻田土壤肥力较差或低洼田可以进行稻鳖轮作。稻田在水稻收割后将田埂抬高蓄水，进行鳖的专养；当鳖收捕后，再种植水稻。稻田轮作的好处在于稻田与鳖均可以根据稻、鳖的生长发育特点进行种植或养殖。鳖在稻田中的养殖通过残饵、排泄物等为下茬水稻的种植培育了土壤肥力，提供了优质的有机肥料。同时，水稻吸收了稻田中的有机物质，为鳖的轮养提供了良好的环境。稻田鳖稻轮作提倡在水稻低产区，稻田土壤肥力不足的区域推广。

1. 水稻种植

轮作稻田一般种植单季稻，水稻品种的要求与稻鳖共生模式中对水稻品种的要求一样，抗病虫能力强、叶片角度小、透光性好、抗倒、分蘖强、成穗率高、穗大、结实率高的优质迟熟高产品种，目前较为合适的有甬优 538、嘉优 5 号、嘉禾 218、浙中优系列等。长江流域稻区在 4 月中下旬可以播种，可以按大垄双行插秧，每亩种植 0.8 万～1.0 万丛，产量达 500 千克左右。稻田的施肥要看稻田的土壤肥度。对于已经养过鳖的稻田，往往稻田土壤肥力较好，可不施肥或少施肥；如稻田之前尚未养过鳖，则要适当施一些有机肥。在水稻播种后按水稻的种植技术要求进行管理。

2. 鳖的养殖

在水稻收割后，稻田经过适当整修后可以放水养鳖。在轮作稻田中进行鳖的养殖，一般要求在养殖 1～2 个生长周期后起捕。鳖的放养与饲养管理要根据鳖的养殖技术要求而定。

（1）稻田的改造与准备 对于稻鳖轮作的稻田，第一次轮作中华鳖时要对稻田进行改造，改造的主要内容是防逃设施建设，沟、坑的开挖，进排水管道的完善等，使原来适合于种稻的田块也适合于鳖的养殖。

在放养鳖之前，对稻田的田间设施如防逃设施、进排水管道等进行检查，以确定设施的完整，在鳖坑处设置投饲台，并对稻田特别是沟、坑用漂白粉 20 毫克/升或 100～150 千克/亩进行消毒。

（2）鳖种放养 稻田要以种稻为主，轮作养鳖的周期不要太长，最好是当年放养，当年收捕。因此，以放养大规格的鳖种为宜。要求当年起捕收获的，放养鳖种的规格要求 0.4～0.5 千克以上，放养密度在 1.0～1.5 只/米^2，经过一个生长周期养殖后，可以达到上市规格，起捕上市。

对于一些土壤肥力较差的稻田，可以轮养 2 年。放养的鳖种可以为稻田或保温大棚培育的鳖种，规格在 100～200 克，放养密度在 1.5～2 只/米^2，养殖 2 年养成规格为 0.5～0.75 千克的商品鳖，或放养 0.4～0.5 千克以上的大规格的鳖种，养成 1.0～1.5 千克的大规格商品鳖。

（3）鳖的饲养与管理 与鳖稻共生的稻田不同，在轮作稻田中鳖的轮养期间，饲养管理的对象是轮养的鳖。因此，应按照鳖的饲养与管理措施进行，具体要注意以下几点：

① 稻田的清整消毒　水稻收割后，清理、加固、加高田埂四周，检查修复防逃设施；首次轮养的稻田还要设置防逃设施、投饲台等。放养前，用生石灰消毒，用量在每亩150～200千克。

② 提高水位　在鳖的轮养期间没有水稻种植，因此要尽量提高水位，为鳖提供较为稳定的水体。一般水位提高到40～50厘米。

③ 合理投喂　轮养的稻田，鳖的放养密度较高，饲料投喂要根据专养鳖池的饲养管理要求，做到定时、定点、定质、定量的"四定"投喂原则。

三、试点推广与应用效果

稻鳖种养的模式与技术在不少地方进行试点推广与应用，取得了较好的效果。笔者2011年开始在浙江省德清县进行试点，经调查与测算，通过稻鳖综合种养技术的应用，六年来水稻平均产量达到519千克/亩，鳖平均产量102.8千克/亩。水稻生产中节约了化肥农药的成本，亩均节本179.8元；提高了稻米品质，通过品牌化开发与经营，提高稻米附加值，稻谷优质优价（稻谷50%市场销售按7.6元/千克计，50%粮储收购按3.1元/千克计），亩增产值1 083元，水稻共节本增效1 262.8元/亩；生态鳖养殖中病毒病等多年养殖障碍得到控制，减少了饲料、渔药等成本，提高了鳖品质，鳖平均价格135.9元/千克，纯收入5 272.6元/亩。合计亩均增效6 535.4元。

六年累计示范推广稻鳖共生面积19 899亩，总增产值29 939万元，总增效益12 996万元：其中，产粮10 328吨，产值5 525万元，净增效2 513万元；产鳖2 045吨，产值27 784万元，增效10 483万元（表4-13）。

表 4 - 13　2011—2016 年度稻鳖共生模式面积、产量和产值情况表

项目	2011 年	2012 年	2013 年	2014 年	2015 年	2016 年	合计
应用面积（亩）	971.0	1 682.0	2 360.0	4 632.0	5 300.0	4 954.0	19 899
水稻产量（吨）	471.9	830.9	1 217.8	2 445.7	2 750.7	2 610.8	10 328
鳖产量（吨）	124.3	213.6	254.9	472.5	514.1	465.7	2 045
稻产值（万元）	252.5	444.5	651.5	1 308.4	1 471.6	1 396.8	5 525
鳖产值（万元）	1 242.9	2 136.1	3 058.6	5 669.6	8 225.6	7 450.8	27 784
水稻节本（万元）	22.3	35.3	49.6	81.1	92.8	76.8	358
稻总增产值（万元）	91.7	163.5	251.3	535.9	571.3	541.3	2 155
稻增效益（万元）	114.1	198.8	300.9	617.0	664.0	618.1	2 513
鳖效益（万元）	260.2	291.0	776.4	1 190.4	4 240.0	3 725.4	10 483
总增产值（万元）	1 334.6	2 299.6	3 309.9	6 205.5	8 796.9	7 992.2	29 939
总增效益（万元）	374.3	489.8	1 077.3	1 807.4	4 904.0	4 343.5	12 996

第五章

鳖与其他品种的混养

稻鳖综合种养的稻田，经较高标准的田间工程建设后，养殖环境已经得到改善，一方面可以在鳖稻共作的同时，搭养一些价值较高，适合在稻田中养殖的品种；另一方面，在主要养殖蟹、小龙虾的稻田中也可以适当混养一些鳖。通过放养品种的合理搭配，适当混养，充分利用稻田中的天然饵料生物资源，从而可以大幅提高鳖稻综合种养的综合效益。

第一节　混养品种的选择

稻田养鱼环境与池塘等养鱼水体不同，具有水层浅薄、浮游生物较少、天然饵料生物以水草、底栖动物和昆虫等为主及养殖周期较短等特点。因此，在选择混养品种时，应考虑稻田环境的特殊性及现有的水产养殖品种的特性。

一、品种的生物学习性

1. 环境适应性

稻田的环境与专养水面不同：水浅，水温变化较大，同时，稻田的主要功能是种稻，因此，所养的品种还要适应水稻种植的田间管理如插秧、放水、搁田等。选择的混养品种对稻田的浅水养殖环境有较强的适应能力，能在水位、水温、溶解氧和浑浊度等变化较大的环境条件下生存和正常摄食、生长。

2. 食性

混养的品种要广食性。稻田环境中生物种群组成较为丰富，有水生植物、底栖动物、水生昆虫、各种水稻害虫及鳖的残饵和有机碎屑等，广食性的养殖品种可以将这些资源作为饵料摄取。因此，混养品种的食性要杂，以草食性或杂食性为宜，可以摄取稻田中的杂草、底栖生物、水稻害虫等，以充分利用稻田中的天然饵料，同时还能摄取鳖的残饵和投喂的配合饲料。

二、混养品种的经济价值

混养的目的主要是提高稻鳖综合种养的综合效益，搭养的品种要有良好的市场需求与较高的经济价值。选择的混养品种要品质优良，生长速度快，能在短期内养成商品鱼或培育成鱼种，具有较好的商品竞争能力，养成后能售得出去。

三、混养品种的养殖基础

混养的品种已有一定的养殖技术基础：①苗种人工繁育技术成熟，有稳定的苗种供应来源；②有一定的养殖基础，特别是在池塘、稻田中已有养殖的技术与基础；③能摄取人工配合饲料，可用人工配合饲料养殖。

根据混养品种的选择条件，当前合适的养殖品种有河蟹、小龙虾、红螯螯虾、日本沼虾、田鲤、鲫、黄颡鱼、泥鳅等。

四、适宜混养的品种

我国幅员辽阔，渔业资源丰富，能够人工养殖的水产种类繁多。目前适合稻鳖综合种养的搭养品种主要有鱼类包括鲤、泥鳅、鲫、黄颡鱼等，甲壳类如河蟹、日本沼虾、小龙虾等。在确定稻鳖综合种养搭养品种时，应根据本地区的实际情况，因地制宜地选择较为合适的混养组合。这里对主要的混养品种的习性作一简单介绍，供参考。

（一）鲤

鲤（*Cyprims carpis*）是我国重要的养殖鱼类。2016 年产量349.8 万吨。鱼体呈梭形而略扁，口端为马蹄形，触须 2 对，颌须约为吻须的 2 倍长。鲤对外界环境适应性较强，可以生活在各种水体中，比较喜欢栖息在水草丛生的浅水处。鲤是典型的杂食性鱼类，偏于动物性，主要摄食摇蚊幼虫、螺蛳、水生昆虫幼体及虾类等，也摄食一定的水生植物和腐屑等。喜居水体下层，最适生长水温 25～32 ℃。因鲤食性杂，食物广，生活条件要求不高，生长快，一般 2 龄可达商品规格。若用配合饲料饲养，1 龄便可达商品规格。

由于长期的自然选择和人工培育的结果，鲤形成了许多品种和杂交种。除普通鲤外，还有浙江的田鲤、江西的红鲤、湖南的呆鲤、广东的团鲤、广西的禾花鲤等地方性优良品种均可在稻田中搭养。

田鲤是浙江瓯江流域颇具地方特色的淡水鱼类。据史料考证，田鲤在浙西山区稻田已有 1200 多年的养殖历史。瓯江彩鲤龙申 1 号为近年来培育的适合稻田养殖的新品种，由上海海洋大学和浙江龙泉省级瓯江彩鲤良种场共同选育而成，品种登记号为 GS01 - 002 - 2011。该品

图 5 - 1　田　鲤

种具有全红、粉玉、大花、麻花和粉花 5 种基本体色类型（图 5 - 1）。2000 年开始以 5 种基本体色为标准，建立了该品种的选育基础群体，之后以体色和生长性能为选育指标，经连续 6 代选育，5 种基本体色纯合度达到 91.55％～100％，生长速度提高 13.68％～

24.65%。该品种具有生长快、肉质细嫩、抗逆性强、产量高、容易饲养等优点，兼有食用和观赏双重价值，适宜在全国稻田等水体养殖。

（二）泥鳅

泥鳅（*Misurnus anuiicaudatus*），是高营养价值的名特水产养殖种类，素有"水中人参"之美称（彩图21）。近几年来，泥鳅的养殖发展较快，2016年约40万吨。稻田养殖是其重要养殖方式之一。

泥鳅体较小而细长，前段略呈圆筒形，后部侧扁，浑身沾满黏液，因滑腻而难以捕捉。泥鳅喜欢栖息于静水的底层，常出没于湖泊、池塘、沟渠和稻田底部富有植物碎屑的淤泥表层，对环境适应力强，适合于稻田中养殖。泥鳅除了可用鳃呼吸外，还可用皮肤呼吸以及特有的肠道呼吸。当天气闷热或水体缺氧时，泥鳅能跃出水面，或垂直上升到水面，用口直接吞入空气，而由肠壁辅助呼吸；而在冬季寒冷，水体干涸后，泥鳅又可钻入泥中潜伏，依靠少量水分使皮肤不致干燥，并全靠肠呼吸维持生命。待次年水涨，又出外活动。

泥鳅的生活水温为10～30℃，最适水温为25～27℃，当水温升高至30℃时即潜入泥中度夏，下降到5℃以下时，即钻入泥中越冬。由于泥鳅忍耐低溶解氧的能力远远高于一般鱼类，故离水后存活时间较长，可以长距离运输。

泥鳅属偏肉食的杂食性鱼类，在自然环境中大多在晚间出来觅食，常摄食浮游生物、水生昆虫、小型甲壳动物、植物碎屑等，在人工饲养过程中以投喂配合饲料为主。因其适应性强、成活率高、运输方便等特点，泥鳅已成为重要的水产养殖对象。

常见的泥鳅种类主要有青鳅、大鳞副泥鳅、中华沙鳅等。青鳅一般称泥鳅，具有典型的"青背白肚"特征，口感好，市场售价高。大鳞副泥鳅，又称大泥鳅、黄板鳅，体形较青鳅大，呈扁平状，体色偏黄。台湾泥鳅，又称台湾鳗鳅、台湾龙鳅，为大鳞副泥鳅的改良品种，具有个体大、生长速度快、产量高、不钻泥、雌雄个体大小基本无差异，免疫力强，饵料系数低等特点。饵料系数一般为1.6～1.8，养殖3个月左右即可达到上市规格，精养池亩产量可达1 000～1 500千克。目前泥鳅苗种基本实现了规模化繁育生产，可以满足养殖生产需要。

（三）鲫

鲫（*Carassius auratus* innaeus）是深受消费者青睐的传统优质鱼类。近20余年以来鲫养殖一直在持续稳定发展，成为我国主要的淡水养殖品种之一。2016年产量达300.5万吨。

鱼体侧扁，口端位，无须，生态耐受性大，广布于各湖泊、水库、沼泽、稻田和江河中，对于氧气、水温等条件要求不苛求。鲫又是杂食性鱼类，几乎周年都能摄食，自然水体中鲫可以摄食水草、嫩叶、幼芽、有机碎屑、丝状藻类、枝角类、桡足类、苔藓类、虾、水生昆虫、摇蚊幼虫等。在人工饲养条件下，当年早期苗种可以培育成商品鱼上市。

目前，鲫的品种较多，有彭泽鲫、湘云鲫、异育银鲫等。经过国家审定的品种有湘云鲫、彭泽鲫、萍乡红鲫、异育银鲫中科3号、杂交黄金鲫、湘云鲫2号、津新乌鲫、白金丰产鲫、赣昌鲤鲫、芙蓉鲤鲫、长丰鲫等优良品种（图5-2）。其中，中科3号异育银鲫是中国科学院水生生物研究所选育的异育银鲫第三代品种，品种

图5-2　湘云鲫

登记号为GS01-002-2007。中科3号异育银鲫体色银黑，遗传性状稳定，鳞片紧密，不易脱鳞；生长速度快，比高背鲫生长快13.7%～34.4%，出肉率比高背鲫高6%以上；碘泡虫病发病率低，成活率高；肉质鲜美、营养价值高。目前，中科3号异育银鲫

已成为各地近年来重点养殖推广的鲫新品种。

（四）草鱼

草鱼（*Ctenopharynodon ideus*）是我国四大家鱼之一，是目前主要的淡水养殖的品种（图 5-3），尤其在气候温暖的南方如长江、珠江水域养殖量很大。2016 年养殖产量达 589.9 万吨。草鱼具有很强的活动力，一般适宜生活在清澈的水域中。

图 5-3　草　鱼

草鱼属于典型的草食性鱼类，主要的食料是水生植物，如浮萍、黑麦草、苏丹草、凤眼莲、空心菜、金鱼藻、轮叶黑藻等。鱼苗阶段一般主要摄食浮游动物，如摇蚊幼虫、枝角类和昆虫等，也可摄食投喂的商品饲料。鱼种阶段的最佳食料是浮萍，之后才会从采食嫩草逐渐改成较大植物性食物。草鱼贪食，爱清净水质，日食量最大能够达到其体重的 60%～70%，但其无法产生消化纤维素的酶，使其对草的消化率低，粪便排泄较多，导致水过肥，浮游生物增多，搭配养殖一些鲢、鳙可起到清洁水体的作用。

草鱼生长速度相对较快，通常冬闲田饲养规格 500 克/尾的草鱼 15～20 尾/亩，至次年 5 月起捕时规格可达 1 000 克/尾，约可增重一倍，从而带来较好的经济效益。

（五）乌鳢

乌鳢（*Channa arus*），又称黑鱼，是一种凶猛的肉食性鱼类。乌鳢喜居水草丛生的静水或微流水水域，鳃腔上方有一个密布毛细血管的鳃上器，具有辅助呼吸的机能。缺氧情况下可靠鳃上器在空气中呼吸，即使无水只要有一定湿度就可存活较长时间，因此对水质要求不高。乌鳢幼鱼阶段以浮游甲壳类、桡足类、枝角类及水生昆虫为食，成鱼阶段主要以小鱼、小虾、蛙类等为食，成鱼生殖期停食，处于蛰居状态。乌鳢的跳跃能力强，因此在养殖过程中要做好防逃措施。乌鳢的肉质细嫩，营养丰富，并具有去瘀生新、滋补调养的药用功效。

目前除养殖本地乌鳢外，杂交乌鳢养殖日趋盛行。国家审定的品种有杂交鳢杭鳢1号、乌斑杂交鳢两种。

（1）杂交鳢杭鳢1号　见彩图22，由杭州市水产研究所选育而成，是以斑鳢为母本，乌鳢为父本杂交获得的新品种，品种登记号为GS02-003-2009。该品种具有能摄食膨化饲料、生长速度快、耐低氧、抗病力强等特点。采用投喂人工饲料喂养，换水明显减少，总磷、总氮、化学耗氧量等污染物减排总量达80%以上，显著地减少了乌鳢养殖对环境的污染问题。生长速度较乌鳢快20%以上，较斑鳢快50%以上，可大大缩短养殖周期。平均养殖成活率达到85%，单产可达2700千克/亩。在相同养殖条件下，杭鳢1号较传统乌鳢养殖产量提高25%～40%，亩增效益35%以上。

（2）乌斑杂交鳢　由中国水产科学研究院珠江水产研究所和广东省中山市三角镇惠农水产种苗繁殖场联合选育而成，以乌鳢为母本、斑鳢为父本杂交获得的新品种，品种登记号GS02-002-2014。该品种在相同养殖条件下，与母本乌鳢、父本斑鳢相比，9月龄平均体重分别提高37.6%和123.7%。可全程摄食人工饲料，抗寒能力明显提高，可在山东等地越冬养殖。适宜在我国黄河以南人工可控的淡水水体中养殖。

（六）黄鳝

黄鳝（*Monopterus albus*），俗称鳝、田鳗、蛇鱼、血鳝、长鱼等，是中国重要的名优淡水鱼类之一（图5-4）。黄鳝体细长，眼小，视觉退化，但嗅觉和听觉特别灵敏。营底栖生活，常在田埂、堤岸中钻洞穴居，亦喜居于腐殖质多的水底泥洞中，在偏酸性水体中能很好生活。黄鳝喜集群穴居，夏出冬蛰，昼伏夜出。黄鳝为变温动物，生活适温为15～30℃，最适温度为24～28℃，水温10℃以下开始穴居冬眠，水温32℃以上时食欲减退，并潜入水中避暑。黄鳝体滑善逃，特别是在缺乏饲料、雷雨天或水质恶化的情况下，都易引起大量逃逸。逃逸时，头向上沿水草迅速游动，整个身体窜出，若周围有砖墙、水泥块和水花生时，能用尾向上钩住，然后跃出。若池堤有洞或排水道，则更易逃逸。因此养殖黄鳝时应自始至终加强防逃工作。黄鳝的食性为以动物性食物为主的杂食性。自然条件下，鳝苗阶段，主要摄食轮虫、枝角类和桡足类等大型浮游动物；鳝

图5-4 黄 鳝

种阶段，主要摄食水生昆虫、丝蚯蚓、摇蚊幼虫、蜻蜓幼虫等，也兼食有机碎屑、丝状藻类和黄藻、绿藻、硅藻、裸藻等浮游植物；成鳝阶段，食物个体相应增大，主要捕食小鱼、虾类、蝌蚪、幼蛙、小螺蚬以及水生昆虫和落水的陆生动物。人工养殖条件下，黄鳝的饲料来源很广，一般以蚯蚓、蝇蛆、蚕蛹、黄粉虫、小鱼虾、螺蚌蚬肉、畜禽屠宰下脚料等动物性高蛋白饲料为主，辅喂一些商品饲料。

目前黄鳝养殖的苗种来源主要有人工繁育和自然捕获2种。人工繁育鳝苗质量稳定，但目前规模化批量生产极少，难以满足人工养殖的需要。自然水域野生黄鳝的捕获方法有笼捕、针钓和徒手捕捉等，苗种数量和质量参差不齐，相比而言笼捕的鳝苗成活率较高。因此，选购鳝苗时应先掌握苗种来源途径。辨别鳝苗优劣的主要依据如下：

(1) 看体色 体色深黄或土红、背部和两侧分布不规则褐黑色大斑、有数条斑线的大斑鳝的生长速度最快，是人工养殖的优良品

种。体色浅黄、斑点细密不明显、几乎无斑线的浅黄细斑鳝，体色青灰、身体上有点状褐黑色斑点，但不形成斑线的青灰细斑鳝生长速度相比慢些。

（2）查疾病　选用时应剔除患腐皮病、水霉病、肠炎病的鳝苗，另外头大体细，甚至僵硬蜷曲、战抖者也不选用。

（3）探外伤　口端带血有明显针眼或仍留有鱼钩的，皮肤擦伤、磨伤明显的鳝苗应剔除。

（七）黄颡鱼

黄颡鱼（*Pelteobagrus fulvidraco*），又名黄公灵、黄牯头，是底栖小型经济鱼类（彩图 23）。其肉质鲜美、肌间刺少，营养价值高，颇受消费者青睐，具有较高的经济价值。黄颡鱼营底栖生活，尤喜生活在具有腐败物和淤泥的浅滩处。对环境的适应能力较强，在不良的环境条件下也能生活。黄颡鱼的生存水温 $0 \sim 38 ℃$。在低氧环境中有较强的适应力，离水数小时后鱼体保持一定湿度还能生存。黄颡鱼为杂食性偏肉食性鱼类，主要食物有小鱼、小虾、水生昆虫的幼虫、植物根须以及人工饲料等。

目前黄颡鱼养殖在我国长江中下游省份比较普遍，主要在湖南、浙江、江西、湖北及江苏等地，发展较快，2016 年产量达41.7 万吨。主要养殖的品种有黄颡鱼、江黄颡鱼、全雄黄颡鱼及杂交黄颡鱼等。国家审定的黄颡鱼全雄 1 号是水利部中国科学院水工程生态研究所、武汉百瑞生物技术有限公司和中国科学院水生生物研究所联合培育的国家水产新品种，品种登记号为 GS－04－001－2010。该品种采用激素性逆转、人工雌核发育等技术获得染色体均为 YY 的超雄鱼与生理雌鱼，交配后可大量生产超雄鱼，超雄鱼与正常雌鱼交配可规模化生产全雄性黄颡鱼。该品种具有雄性率高、生产速度快、养殖产量高等优点。鱼种养殖阶段生长速度比普通黄颡鱼提高 18% 以上，成鱼养殖阶段比普通黄颡鱼提高 43.5%～56.8%，产量平均提高 45.5% 以上，适宜在全国淡水水域进行池塘、网箱、稻（莲）田养殖。

杂交黄颡鱼是由黄颡鱼母本与瓦氏黄颡鱼父本杂交繁育而得

的子一代，具有生长速度快、抗病力强、无繁育能力等诸多优点（图 5 - 5）。

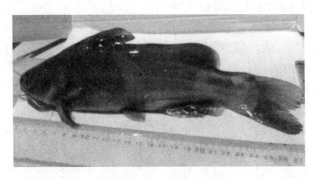

图 5 - 5　杂交黄颡鱼

（八）日本沼虾

日本沼虾（*Macrobrachium nipponense*），又称青虾、河虾，是中国主要淡水经济虾类之一，2016 年产量 27.26 万吨。

青虾喜栖息于江河、湖泊、池塘、沟渠沿岸浅水区或水草丛生的缓流中，白天蛰伏在阴暗处，夜间活动，常在水底、水草及其他物体上攀缘爬行。因此，水稻田中的稻秆、水草可以为青虾提供栖息场所。其最适生长水温为 18～30 ℃，当水温下降到 4 ℃时进入越冬期，当水温升到 10 ℃以上时活力加强，摄食逐步加强。青虾属杂食性水产动物，偏食动物性饲料，幼虾阶段以浮游生物为食，自然水域中主要摄食各种底栖小型无脊椎动物、水生动物的尸体、固着藻类、多种丝状藻类、有机碎屑、植物碎片等。人工养殖的青虾能摄食各种商品饲料，如酒糟、豆腐渣、豆饼、蚕蛹、蚌肉、麦粉、鱼肉粉、米饭、人工配合饲料等。青虾生长快，5—6 月孵化出的幼苗经 40 天培育就能长到 3 厘米左右，到 11 月每只体重可达 3～5 克。青虾的繁殖季节为每年 4—8 月，以 6—7 月为盛期。繁殖水温为 18～29 ℃，最适 22～27 ℃。当年虾可达性成熟产卵，一般每尾亲虾每个繁殖季节可产卵 2～3 次。产卵活动多在夜间进行，交配 24 小时后即产卵。产卵量的多少与体型大小

有关，4~6厘米亲虾产卵量在
600~5 000粒，大多为1 000~
2 500粒。卵附着于腹肢上孵
化，一般需20~25天孵出溞
状幼体。因此，稻鳖综合种
养，繁殖出的部分仔虾被鳖捕
食，放养密度可以得到有效控
制，从而生产出大规格的青虾
（图5-6）。

国家审定的青虾品种为杂
交青虾太湖1号，该品种由中
国水产科学研究院淡水渔业研
究中心培育而成，其以青虾和
海南沼虾杂交种与青虾两代回

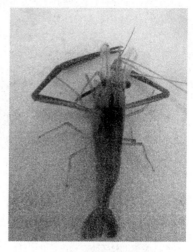

图5-6　日本沼虾

交的杂交后代为父本，以太湖野生青虾为母本进行杂交获得，是中
国审定通过的第一个淡水虾蟹类新品种，品种登记号为GS02-002
-2008。该品种具有生长速度快、个体大、吃料多、抗病力强等优
点。在同等养殖条件下，比太湖青虾生长速度提高30%以上，单
位产量提高25%左右，适宜在长江流域及其以南地区人工可控的
淡水池塘和稻田中养殖。

（九）小龙虾

克氏原螯虾（*Procambarus clarkii*），又称淡水小龙虾，原产
于墨西哥北部和美国南部，现分布范围很广，在北美洲、南美洲、
非洲、欧洲、大洋洲、亚洲已为常见种。小龙虾因其肉味鲜美、风
味独特、营养丰富，深受国内外消费者青睐。近年来，随着市场需
求量的剧增，市场价格逐年上升，激发了群众养殖小龙虾的热情，
养殖积极性高涨，池塘、滩圩地、稻田等养殖模式逐渐建立。2016
年，我国的小龙虾总产量约85.2万吨，其中约70%产自稻田。

小龙虾（图5-7和彩图24）对环境的适应能力很强，具有离
水爬行的习性，可在各类淡水水域中栖息生长，在环境条件恶劣时

能掘洞穴居。无论是湖泊、河流、水库、沼泽、池塘、沟渠、稻田均能栖息生活，其至在环境条件较差的一些水体中也能栖息存活，该虾为夜间活动性动物，营底栖爬行生活，喜栖息于水草、树根或石块隐蔽物中。昼伏夜出，不喜强光，趋水性很强，常成群聚集在进水口周

图 5-7 小龙虾

围，下大雨时可逆向水流上岸作短暂停留或逃逸，水环境不适时也会爬上岸边栖息，因此人工养殖要有防逃设施。

小龙虾生性好斗，在蜕壳、饲料不足或争栖息洞穴时，自相残杀严重。耐低氧能力较强，水中溶解氧在 1.0～3.0 毫克/升时活动基本正常，1 毫克/升以下活动减弱，低于 0.5 毫克/升时如果没有攀爬物会造成大量死亡。pH 范围为 5.8～9，最适 pH 为 7.5～8.5。小龙虾食性杂，可摄食各种鲜嫩的水草、底栖动物、软体动物及人工投喂的各种饲料。在自然环境中，主要食物为苦草、轮叶黑藻、凤眼莲、水葫芦、水花生等水生植物。

（十）河蟹

中华绒螯蟹（*Eriocheir sinensis* H. Milne - Edwards），俗称河蟹，是我国主要的淡水养殖甲壳种类之一，2016 年全国产量达 81.2 万吨，稻田养蟹是其主要养殖方式之一（图 5-8）。河蟹在育肥阶段广泛分布在我国湖泊、江河、沟渠等淡水水域，在

图 5-8 河蟹

溯河回游、降河洄游阶段在从福建到辽宁的沿海江河口中均有

分布。

河蟹对水域环境适应能力强。能短期离水成活，当遇到不良环境时可掘洞穴居。河蟹食性杂，在自然水域中以小杂鱼虾、水生植物、附着藻类、底栖生物及有机碎屑等为食，在人工养殖水域中主要以种植的水草和配合饲料为食。在食物缺乏或蜕壳时会自相残杀。当水温 10 ℃以上时开始摄食，水温 15 ℃以上时摄食量增加，当水温达到 20～28 ℃摄食旺盛，因此河蟹生长的适宜温度 15～30 ℃，最适温度 20～30 ℃。河蟹在生长期间要不断蜕壳，从溞状幼体开始到性成熟蜕壳约 18 次。

(十一) 红螯螯虾

红螯螯虾 (*Cherax quadricarinatus*)，俗称澳洲淡水龙虾，原产于大洋洲北部的热带淡水水域，我国于 1992 年开始引进试养 (彩图 25)。随着小龙虾养殖的兴起，红螯螯虾因生长快、肉质鲜嫩、对环境适应性强等特性，已受到普遍关注。

该虾为杂食性，在天然水域中摄取小型鱼虾、底栖生物、水生昆虫、水生植物等，适温范围较广，可在水温 9～35 ℃的水体中生长，但在水温 12 ℃以下时会蜕壳困难，低于 9 ℃时会出现死亡。该虾对养殖水质要求不高，可以在淡水或低盐度的水域及较浅的水域环境中养殖，能离水爬行，在较好的人工养殖条件下生长较快，一般养殖约 6 个月，个体规格一般在 50～150 克，少数大的可达150 克以上，雄虾生长快于雌虾。性成熟较早，一般春季放养的虾苗，经冬季大棚强化培育后可以性成熟，在水温 20 ℃以上时交配，20～30 ℃为产卵适宜温度，多次产卵，在长江流域一年产卵 2～3次，珠江流域 3～5 次。个体怀卵量与个体大小紧密相关，一般为200～1 000 粒/只。红螯螯虾抱卵孵化，孵化时间在水温 26～29 ℃时 6～7 周。

第二节　鳖与蟹混养

在稻田中开展鳖、河蟹混养，实现稻-鳖-蟹综合种养，可以有效利用稻田资源，提高稻田的综合效益，同时也为中华鳖在稻田中养殖提供巨大的发展空间。根据主要养殖对象不同，鳖蟹混养的方式主要有以鳖为主、蟹为套养的鳖蟹模式或以蟹为主、鳖为套养的蟹鳖模式两种。

一、以蟹为主套养鳖的混养模式

稻田养蟹是我国目前稻渔综合种养的主要模式之一，目前主要分布在辽宁、江苏、宁夏、湖南、江西和安徽等地。养蟹的稻田能够满足养鳖的条件，不需要增加防逃、防天敌及沟、坑等设施，因此适合推广应用。根据河蟹养成的目的不同，有培育蟹种和养殖成蟹之分。

（一）蟹种培育稻田套养鳖

利用稻田放养大眼幼体培育仔蟹，这是目前成蟹养殖蟹种的主要培育方法之一。选择设施条件好、水源好的稻田用于培育仔蟹，并套养一定数量的中华鳖，是一种提高稻田综合效益的有效方法。蟹种培育稻田套养鳖的养殖措施要点如下：

1. 蟹苗放养

（1）蟹苗来源与质量　蟹苗有自然苗和人工苗之分。我国自然苗的产地主要在长江口、辽河口及钱塘江口等地，每年从5月开始从南到北捕捞自然蟹苗。近几年来，由于过度捕捞和环境污染等原因捕获的自然蟹苗数量下降。

河蟹的人工繁育技术在20世纪80年代就已经突破，现已成熟稳定，人工苗成为当前养殖的主要苗种来源。人工苗有温室苗、土池苗之分。温室苗较嫩，规格较小，对养殖环境适应能力弱。在选用稻田培育蟹种时尽量选用土池育成的苗。土池苗与大棚或温室育成的相比，不仅规格要大，而且"老练"，对环境适应性强，育成成活率高。蟹苗质量要求为无杂质、死苗，沥水后抓一把轻捏成团，松开即散，爬行敏捷。

（2）蟹苗放养规格与密度　放养的蟹苗规格大小差异大。自然捕获的大眼幼体规格要比人工繁育的人工苗的规格大，一般每千克15万～16万只。人工苗的规格与人工育苗的方法关系较大。土池育成的大眼幼体规格相比大棚或温室育成的幼体要大。一般人工苗的规格通常为每千克16万～20万只。放养密度不能太高，一般控制在每亩300～400克。

（3）蟹苗的放养季节　用于培育蟹种的蟹苗放养，水温要稳定在22℃以上才能放苗。在江苏、浙江一带一般人工苗的放养季节在5月下旬到6月上旬。稻田坑、沟面积不大，一般要求占比10%以下，水位相对较浅，在50～60厘米。考虑到稻田中套养的鳖种，因此在放养时要掌握好放养密度。

2. 鳖种的放养

在蟹种培育的稻田中混养中华鳖，要合理控制中华鳖放养的规格与密度。

（1）放养稚鳖　放养的稚鳖卵黄囊吸收、脐带收齐，规格在3.0～4.0克，放养1 500～2 000只/亩，要尽量早放，争取在7月底之前放养，使放养的稚鳖在10月越冬之前规格达20～30克/只，提高越冬成活率。

（2）放养小规格的鳖种　鳖种的来源一般为保温大棚或稻田培育，个体规格在100～200克的小规格鳖种，放养密度为150～200只/亩。

（3）放养大规格的鳖种　大规格鳖种一般来源于保温大棚的培育，规格达400～500克，主要用于养殖大规格的商品鳖或当年放养，当年起捕上市。放养密度每亩控制在100～150只。

（二）成蟹稻田套养鳖

1. 蟹种放养

（1）蟹种规格与密度　稻田养殖成蟹，放养的蟹种规格要大，体健壮，对环境适应能力及逃避敌害生物能力强。河蟹养殖过程中要不断蜕壳才能正常生长。一般从蟹种到成蟹的蜕壳次数为4～6次，与直接放养蟹苗相比，大幅度降低了蜕壳次数，从而降低软壳蟹被残杀的概率，提高养殖成活率。因此，在稻、蟹、鳖共生的稻田中，一般以放养大规格的蟹种为宜，要求在每千克 100～150 只，做到当年放养，当年起捕上市。放养密度每亩控制在 600～800 只。

（2）蟹种的来源 稻田养殖的蟹种来源有从蟹种场采购或用稻田培育两个途径。对于稻田养殖规模不大的养殖户，从蟹种场采购方便。对于规模较大，而且有条件的则可配套培育，既保证蟹种的规格与质量达到要求，又可以节省蟹种的成本。

（3）蟹种质量 挑选质量好的蟹种是养殖取得好的效果的关键之一。质量好的蟹种要求是规格要相对整齐，肢体完整、无残次，特别要关注的是蟹种性腺发育情况。

在河蟹蟹种培育中，蟹的幼体经一个生长周期的培育，由于饲料、环境等影响，约有 20％的蟹种性腺会提早成熟，而性早熟的蟹种生长缓慢无养殖价值，需要剔除。鉴别性早熟的方法是：雌蟹腹脐圆、脐边缘密生绒毛，打开背壳，两条紫色的卵粒明显；雄蟹螯足和掌节绒毛稠密、步足前节和腕节上的刚毛粗长稠密而且坚硬，绒毛长齐相连，打开背壳，可见两条白色块状物。

（4）放养时间 蟹种的放养可在冬、春天进行。在冬、春季放养的蟹种先放养在冬闲田或沟、坑中，待次年水稻插秧返青后再提高稻田水位养殖。冬闲田是水稻收割后在冬季蓄水形成，在稻田中堆放一些稻草，此时可以放养蟹种，可以使河蟹较早适应稻田的养殖环境。次年水稻插秧时进入沟、坑中，待水稻返青后提高水位放入大田。

2. 鳖的放养

（1）鳖种的规格与来源 放养的鳖种规格宜大不宜小，要求在 400～500 克/只。这一规格的鳖种主要由大棚温室培育。放养这一规格的鳖种在混养的稻田中经一个生长季节，平均个体可以长到 750 克/只以上，可以起捕上市；而且鳖的体表色泽与品质均有显著的改善与提高。

（2）放养的密度 在与蟹混养的稻田，鳖的放养密度与主养鳖的稻田相比要有较大幅度的降低。一般每亩放养数量控制在 100～

150 只。

（三）饲养与管理

饲养管理是蟹鳖混养能否成功的关键。在进行水稻管理的同时，蟹与鳖的饲养管理要以蟹为主，综合平衡蟹、鳖的养殖需求，具体要点如下：

1. 稻田的清整

蟹苗、蟹种稚嫩，容易被各种鱼、蛙、蛇、老鼠等敌害生物捕食；另外，一些野生的小杂鱼虽然不是蟹的天敌，但可以与养殖的蟹争饵、争栖息空间。因此，养蟹稻田的清整消毒是蟹鳖混养的关键性措施之一，在蟹苗、蟹种养殖之前，须对养殖的稻田进行消毒清野，特别是在沟、坑周边。

稻田的杀菌清野宜用生石灰或漂白粉。生石灰不仅具有杀菌、清野的效果，而且生态安全，还可以改善稻田的土壤，为最为常用的药物，一般用量在每亩 100～150 千克；如用漂白粉消毒，一般用含氯量 28% 以上的漂白粉在蟹放养前 7～10 天进行，漂白粉的浓度为 20 毫克/升，重点对稻田中的坑、沟及稻田四周进行消毒。

2. 防逃、防天敌

蟹苗、蟹种爬行活动能力较强，个体小，容易被各种敌害生物捕食或逃逸，因此，蟹、鳖混养的稻田对防逃、防天敌的设施要求较高。

（1）防逃　蟹防逃设施一般可用板、砖等围成，高 50～60 厘米，上端向内压口约 15 厘米，底部入土 10～20 厘米，接头不留缝隙，四角呈弧形。最好在外层设置第二道防逃设施，用聚乙烯网片，网底埋入土中 15～20 厘米，高 100 厘米。对稻田进排水口用密网设置防逃网，既可防逃，又能阻止敌害生物的进入。

（2）防敌害生物　在河蟹放养前，除了漂白粉对坑、沟进行消毒清野外，还要特别注意防止敌害生物的入侵危害。主要入侵性的敌害生物有白鹭、老鼠、水蛇等，其中以白鹭、老鼠的危害最大。

河蟹在整个养殖过程中因要多次蜕壳、个体相对较小，容易被各种天敌捕食。防入侵性敌害生物难度较大，目前主要有以下几种方法：①设置隐蔽物。在蟹苗种放养后的养殖初期，在放养的冬闲田无水稻作为隐蔽物或在水稻插秧返青之前，蟹苗种在坑、沟内密度较高，容易受各种敌害生物的危害，因此要在冬闲田堆放一些稻草，在水稻返青后提高水位，蟹进入稻田，返青的水稻起到隐蔽物的作用。②设置阻挡物。在稻田上方或沟、坑上方设置大网目的渔网或网线防止白鹭等鸟类，利用防逃设施及进排水口包扎网片阻止老鼠等入侵危害。

3. 水质培育与水位管理

（1）水质培育 在河蟹放养之前，要培养好水质，培育出丰富的蟹苗天然饵料，做到肥水放养。一般在消毒后 3～5 天即可在开挖的沟、坑处施放适量的有机肥料或培育水质的专用肥料。有机肥料堆放在坑、沟周边，每平方米沟、坑面积用量为 150～200 克。水质不能太瘦，保持一定的肥度，透明度 25～35 厘米，pH 在 7.0～8.5。

（2）提高水位 对于蟹鳖混养的稻田，除非是水稻管理的需要，要尽量提高水位。稻田水浅，开挖的坑、沟面积又不大，水温容易受外界影响变动大，不利于放养的蟹苗、种的蜕壳生长。特别是早期放养的蟹苗种，此时水温还较低，昼夜温差大，如遇冷空气或其他坏天气，蟹苗种的成活率会受到较大影响。因此，只要不影响水稻的生长，蟹鳖混养的田块要经常加注新水，保持稻田坑、沟的水位到 80 厘米，田面水位在 20 厘米以上。

4. 饲料与投喂

河蟹能摄取稻田中各类底栖动物、水生生物、杂草和在坑、沟周边人工种植的水草。但由于蟹苗种放养量加上鳖的放养数量较高，天然饵料无论在数量上还是在质量上都无法满足放养的蟹、鳖生长发育的需要，因此要投喂配合饲料。

（1）蟹饲料与主要营养成分 河蟹虽然为杂食性动物，但由于其在各生长发育阶段要不断蜕壳，养殖周期又较短，配合饲料的营养要求不低，在不同的生长发育阶段对饲料中蛋白质的需求有所不同（表 5-1）。一般蛋白质含量在 35%～42%，脂肪含量 5%～

6%，碳水化合物 $25\%\sim30\%$，钙 $2.0\%\sim2.5\%$，磷 $1.0\%\sim1.5\%$。在不同的生长发育阶段，对饲料中蛋白质的需求有所不同。在稚蟹培育阶段，粗蛋白的含量要求一般在 $40\%\sim42\%$，蟹种培育阶段 $35\%\sim40\%$，成蟹养殖阶段 $32\%\sim35\%$。

表 5 - 1　河蟹饲料营养成分（%）

营养成分	粗蛋白	粗脂肪	粗纤维	粗灰分	磷	钙	水分
幼蟹	40.0~42.0	5.0~6.0	6.0	13.0	1.0~1.5	2.0~2.5	12.0
仔蟹	35.0~40.0	5.0~6.0	7.0	13.0	1.0~1.2	2.0~2.5	12.0
成蟹	32.0~35.0	5.0~6.0	8.0	13.0	1.0~1.2	2.0~2.5	12.0

河蟹饲料的主要原料为鱼粉、虾壳粉、发酵豆粕、玉米、麸皮、次粉等。由于河蟹从大眼幼体到成蟹要蜕壳 18 次左右，钙、磷的需求量较大，要求钙 $2\%\sim3\%$，磷 $1.0\%\sim1.5\%$，维生素及微量元素含量适宜。根据河蟹的基本营养需求，其基础配方一般为鱼粉 $25\%\sim35\%$，虾壳粉 $5\%\sim10\%$，发酵豆粕 $20\%\sim25\%$，酵母粉 $3\%\sim5\%$，麸皮、次粉 $20\%\sim25\%$ 及预混剂等。其他的原料还有花生饼、菜籽饼、蚕蛹等。

（2）饲料投喂　在培育蟹种的稻田，在蟹苗养殖初期主要投喂豆浆培育天然饵料。用量为每万只每天用黄豆 $150\sim300$ 克，经浸泡、磨浆后泼洒在坑、沟内。经 $7\sim10$ 天后开始补充投喂蟹的破碎饲料。约两周后，蟹经 3 次蜕壳后规格达到 1.5 万~2.0 万只/千克，投喂蟹的破碎饲料每万只 $100\sim200$ 克。改用 1 号饲料后，日投量按体重的 $5\%\sim8\%$ 计算，早、晚各一次。随着蟹的生长，日投饲量按总体重的 $3\%\sim5\%$ 投喂并随着天气、摄食等情况进行调整。在养殖成蟹的稻田，一般以投喂颗粒饲料为主，日投喂量根据蟹的不同生长阶段、水温、天气等而定，在生长的旺季，日投喂量控制住总体重的 $3.0\%\sim4.0\%$，日投喂两次，上、下午各一次。

对于混养的中华鳖，尽管放养密度不高，但也需要投喂鳖的配合饲料，在鳖的生长旺季，日投喂量按照鳖体重量的 2.0%～3.0%，并以投喂膨化颗粒饲料为宜。

5. 种植水草

水草对河蟹养殖来讲非常重要。在坑、沟周边要种植一些水草，既可作为蟹的栖息隐蔽场所，特别是河蟹蜕壳时的隐蔽物，可以有效提高蜕壳时的成活率，又可作为蟹的植物性饲料的补充来源。常用的水生植物的种类包括水花生、水葫芦、菹草、轮叶黑藻、伊乐藻、蕹菜等。

（1）水花生　水花生又名空心莲子草，多年生宿根性杂草。适应性广，生长繁育快，冬季水面或地面部分冻死，水下根、茎可越冬，10 ℃以上时发芽。其嫩芽可作为河蟹的饵料。

（2）水葫芦　水葫芦又名凤眼莲，多年生水草，在淡水水域中适应性强，生长快，是一种可供食用的植物，含有丰富的氨基酸。河蟹摄取水葫芦的嫩芽、根系（图 5-9）。

图 5-9　水葫芦

（3）菹草　菹草又名丝草，为多年生沉水草本植物，在池塘、湖泊、溪流及沟渠等分布广，与多数水生植物不同，秋季发芽，冬、春季生长，可直接作为河蟹的饵料。

（4）轮叶黑藻　轮叶黑藻俗称蜈蚣草、黑藻等，秋季开始无性生殖，冬季为休眠期，水温 10 ℃以上时芽孢开始发芽生长。轮叶黑藻为河蟹等甲壳类的优质饵料（图 5-10）。

图 5-10 轮叶黑藻

图 5-11 伊乐藻

（5）伊乐藻　伊乐藻属于一年生沉性草本植物，具有鲜、嫩、脆的特点，适口性好，为虾、蟹的优良饵料。伊乐藻营养丰富，干物质占 8.23%，粗蛋白为 2.1%，粗脂肪为 0.19%，无氮浸出物为 2.53%，粗灰分为 1.52%，粗纤维为 1.9%（图 5-11）。

（6）竹叶眼子菜　又名马来眼子菜，多年生草本植物，广泛分布于热带、亚热带的淡水水域，为我国水生植物的优势种类之一，是虾、蟹等甲壳动物的优良饵料。

（7）蕹菜　蕹菜又名空心菜，为一年生蔓状浮水草本植物，喜高温潮湿气候，生长适宜温度为 25～30 ℃，能耐 35～40 ℃高温，10 ℃以下生长停止，霜冻后植株枯死。

6. 病害防治

在稻田中混养的蟹鳖与专养池塘的养殖相比，养殖的密度不高，病害也相对较少。但由于稻田的环境如水温、水质的变化，饲料质量，稻鳖种养操作及蟹、鳖体存在的病原体等因素，会引发一些疾病。河蟹的主要的病害有战抖病、肠炎病、弧菌病、黑鳃病、丝状藻类病、腐壳病、蜕壳不遂症、蟹链弧菌病、水肿病、纤毛虫病、水霉病、蟹奴病等，鳖的病害主要有稚幼鳖期间的白斑病，养殖成鳖期间的白底板病、粗脖子病及疖疮等，对这些病害要以防治为主。主要措施有放养时的稻田清整消毒，养殖期间常用生石灰20毫克/升泼洒消毒，控制好水质、种好水草及投喂配合饲料等。

（四）起捕收获

河蟹的起捕季节在10月中下旬开始，捕获方法有放置蟹笼和放水起捕等。将蟹笼放在坑、沟周边和田埂四周，利用其秋、冬季沿围栏周边向外爬行的习性，钻入笼子后起捕。刚起捕的河蟹要暂养在网箱中，清除泥土和杂质异物。尚未起捕的河蟹可放水起捕。鳖的起捕主要是在水稻收割后，鳖会爬向有水的沟、坑中，放水集中捕获。

二、以鳖为主套养河蟹的混养模式

以鳖为主、套养河蟹，这是稻鳖综合种养中常见的混养方式，其主要是套养大规格蟹种。这一混养模式基本上在不增加设施投入的情况下，可以充分利用养鳖稻田中鳖的残饵和有机碎屑，取得较好的效益。

在以鳖为主、套养河蟹的放养模式中，饲养管理的主要对象为鳖，鳖的饲养管理可以参照前述，但要注意以下几点：

1. 鳖种的放养

鳖的放养密度要比鳖稻模式中鳖的放养密度适当降低，具体与放养规格大小有关，一般鳖种放养规格在400～500克/只，放养密度在300～400只/亩；放养规格在150～250克/只的鳖种，每亩放养400～500只。放养的鳖种一般要求无病无伤，鳖体色泽光滑、裙边坚挺。保温大棚培育的鳖种放养时间除了要考虑水稻的种植与田间操作外，还要在放养之前将鳖池的水温逐步调整到水稻田的水温。

2. 蟹种的放养

放养的蟹种规格要大，一般要求放养扣蟹。在挑选蟹种时，要将肢体残缺、性成熟的个体剔除，规格在 100～150 只/千克，每亩放养约 500 只。

3. 饲料的投喂

鳖的饲料一般用膨化颗粒饲料或粉状饲料，根据饲料投喂的定时、定点、定量、定质的"四定"原则进行，日投饲量根据放养的鳖种大小及水温、天气变化控制在 1.0%～3.0%；混养的河蟹前期主要利用田间杂草、底栖动物、有机碎屑及鳖的残饵等，当水温到达河蟹生长发育的适宜范围，随着河蟹进入生长旺季，需要适当投喂水草、河蟹配合饲料等，促进河蟹的蜕壳生长。

4. 日常管理

鳖蟹混养的稻田在日常管理中要注意以下几点：①坚持利用投喂、田间管理等种养作业时间巡田，检查防逃、防天敌的设施是否完整。②尽量不使用或少使用化肥或农药，特别是对蟹敏感的菊酯类农药。③在水稻水浆管理时，要尽量缩短搁田时间。

第三节　鳖与螯虾混养

鳖与螯虾混养主要有三种方式，即以螯虾为主套养鳖、以鳖为主套养螯虾和与以红螯螯虾为主套养鳖。在稻田中，鳖与螯虾混养可以共享稻田资源与田间设施，进一步提高综合效益。

鳖与小龙虾混养是当前主要的混养方式。小龙虾肉质鲜美，广受消费者青睐，近几年来养殖发展很快。2016 年，全国小龙虾养殖产量约 85.2 万吨，现已成为我国重要的新兴水产养殖品种之一，其中稻田养殖小龙虾是我国小龙虾养殖的主要模式之一。在养殖产量 85.2 万吨中，约 70% 出自于稻田养殖。主要养殖区域为湖北、安徽、江苏、江西和湖南等。2016 年，湖北省稻田养殖小龙虾 352 万亩，产量 48.9 万吨；安徽省 11.8 万吨，江苏省 9.7 万吨。

鳖与红螯螯虾混养一般是在主养红螯螯虾的稻田套养适量的鳖

种。这一混养模式目前并不普遍，但随着红螯螯虾苗种繁育量的增加，会有一定的发展前景。

一、主养小龙虾套养鳖的混养模式

稻田养殖小龙虾是小龙虾的主要养殖方式，目前主要在长江流域的稻区推广应用，而这一区域又是我国主要的养鳖产区。在主养小龙虾的田块套养一定数量的中华鳖，基本上不需要增加稻田的基础设施建设，可以综合利用稻田资源与设施，拓展稻鳖种养的发展空间并取得良好的综合效益。

（一）混养的技术要点

1. 田埂与防逃设施

养殖的小龙虾、中华鳖逃逸能力很强，能离水爬行、攀爬，小龙虾还能用螯掘洞。因此，稻田的田埂与防逃设施要加固、加高。田埂内侧可用铝塑板、砖等围成防逃围栏，高 50～60 厘米，入土 10～20 厘米，四角呈弧形。如用铝塑板等材料，板与板之间的接头不留缝隙；如用砖混结构或用水泥护坡，顶部向内压口 15～20 厘米。为加强防逃能力及外来敌害生物的入侵危害，可以在外层用聚乙烯网片设置第二道防逃设施，网底埋入土中 15～20 厘米，高 100 厘米。

2. 沟、坑

在鳖与小龙虾混养的稻田中，沟、坑的开挖设置十分重要。由于小龙虾有掘洞越冬和抱卵孵化的习性，沟、坑的布局以挖环沟为宜。环沟（坑）开挖的要求：①要控制开挖的面积，虽然环沟的面积大有利于小龙虾与鳖的养殖但是会影响水稻的产量，因此要求环沟的开挖面积不超过稻田总面积的 10%。②沟坑的布局，环沟（坑）虽然有多种布局，但环沟适宜在靠近田埂边开挖。在离田埂 2～3 米处挖沟，沟宽 1.5～2.0 米，并要留出几个供农机使用的通道。③将挖出的土沿田埂边堆积，供小龙虾掘洞穴居之用。

3. 稻田的准备与清整消毒

（1）放养前的准备　在小龙虾放养之前，要对养殖稻田进行检查、清整消毒。检查的重点是防逃设施是否完整，田埂有无渗漏及稻田进排水沟、渠等，发现问题及时处理。

（2）稻田的清整消毒　在放养小龙虾之前，用生石灰或漂白粉进行清整消毒，杀灭病原、敌害生物及其幼体和一些有竞争性的野生小杂鱼等。生石灰为最为常用的清整消毒药物，对环境安全，使用效果好，也利于稻田土壤结构的改善，首次用量为 150～200 千克/亩，重点要对沟、坑进行清整消毒。漂白粉主要用于对沟、坑进行重点消毒或日常性的防病消毒，杀灭有害生物与病原菌，用量一般为 20 毫克/升。

4. 小龙虾的放养

小龙虾的放养有三种方式。

（1）放养亲虾　小龙虾在自然环境中能自然抱卵繁殖。因此，可以在养殖的成虾中挑选亲虾作为养殖苗种的来源。在养殖的成虾中挑选亲虾，其质量要求是虾体颜色呈暗红或黑红色，体表光泽，无附着物，个体大，规格在 35～40 克/只，附肢齐全，无伤残。亲虾的放养时间一般在 8～9 月，放养量为每亩 15～20 千克，雌雄比为 3∶1。

（2）放养抱卵虾　小龙虾在自然条件下能抱卵繁殖，一年中有春节和秋季两个产卵季节，以秋季产卵为主。小龙虾的个体抱卵量不大，并随个体大小而异，一般 200～700 粒/只，因此，要尽量选择规格大的抱卵虾，既可以提高育苗数量，又能培育种质较好的子代。抱卵虾放养量每亩 15～20 千克，放养时间在 9—10 月。

（3）放养幼虾　投放的小龙虾幼虾可以自己繁育，也可以从外面采购。放养的幼虾规格要求宜大不宜小，要求在每千克 150～300 只。质量要求是幼虾肢体完整、无伤残、体表光滑，同一批次放养的幼虾大小规格要相对整齐，以免相互残杀。幼虾的放养密度不能太高，一般每亩可放 0.3 万～0.5 万只，放养时间在 4—5 月（图 5 - 12）。

图 5 - 12　小龙虾

5. 鳖种放养

在小龙虾为主、套养鳖的养殖方式中，鳖的放养与主养稻田不同，主要是要放养大规格鳖种，大幅度降低放养密度。

（1）鳖种的规格与来源　套养的鳖种规格宜大不宜小，可以在养殖一个生长周期后达到较大的上市规格，一般要求个体体重在400～500 克/只。

这一规格的鳖种主要由大棚温室培育。将刚孵化出的体重在3.0～4.0 克的稚鳖在大棚温室中培育，经过 9～10 个月的室内培育，个体达到400～500 克，可以出池放养。在鳖、小龙虾混养的稻田中经一个生长季节养殖，平均个体可以长到 750 克/只以上，可以起捕上市。经稻田养殖的鳖，虽然鳖种是从大棚温室中培育，但其体表色泽光滑，鳖的品质有显著的改善与提高。

（2）放养的密度　在小龙虾为主混养鳖的稻田，鳖的放养密度与主养鳖的稻田相比要有较大幅度的降低，一般每亩放养数量控制在150～200 只。

6. 饲养与管理

以小龙虾作为饲养管理的重点，合理兼顾鳖的需求，以达到预期的混养效果。

（1）天然饵料的培育　小龙虾食性杂，幼体时摄取水体中的浮游动物及底栖动物等，以后随着个体生长可摄取稻田中的杂草、种植的水草、鳖的残饵等。但在混养条件下，由于放养的密度相对较高，稻田中的饵料不能满足，培育水体中浮游动物、种植水草是为小龙虾提供良好天然饵料的主要途径。

培育天然饵料：当幼体孵化后离开母体时，应及时将母体捕出。小龙虾的幼体早期主要以浮游动物、底栖动物、软体动物及昆虫的幼体为食，培育的天然饵料直接影响幼体的发育生长与成活。在混养小龙虾的稻田，要在沟坑及周边施腐熟的有机肥，用量在每亩 150～200 千克或使用专门的培育水质的复合肥。

种植水草：在沟坑周边适当种植一些水草，既可以为小龙虾提供植物性饵料，也可供小龙虾栖息、隐蔽。水草的种类有伊乐藻、水花生、轮叶黑藻、凤眼莲、马来眼子菜、浮萍等。

投喂人工补充饲料：小龙虾的饲料主要为谷物、农副产品、瓜果蔬菜等，同时也要补充投喂虾的配合饲料，特别是在 20～30 ℃ 的适宜水温内，小龙虾生长快，摄食量大，稻田中的天然饵料不够苗种摄食的需要。

（2）配合饲料与营养需求　小龙虾开始人工养殖时间不长，对其营养与配合饲料的研究并不多。根据现有研究与生产实际，一般饲料中的粗蛋白含量的要求不高，目前常用的粗蛋白含量，幼虾饲料为 30%～35%，成虾饲料在 30% 左右。小龙虾推荐的主要营养需求见表 5-2。饲料的主要配料为鱼粉、发酵豆粕、次粉、玉米及饲料预混剂等。基础配方为鱼粉 20%～25%，发酵豆粕＋花生粕等 20%～25%，麸皮＋次粉等 25%～35%，玉米 10%～15% 及

表 5-2　小龙虾饲料营养成分（%）

营养成分	粗蛋白（≥）	粗脂肪（≥）	粗纤维（≤）	粗灰分（≤）	磷（≥）	钙	水分（≤）
幼虾	32.0～35.0	5.0～6.0	7.0～8.0	13.0	1.0～1.2	2.0～2.5	12.0
成虾	30.0～32.0	5.0～6.0	7.0～8.0	13.0	0.8～1.0	2.0～2.5	12.0

饲料预混剂 2%～3%。

（3）饲料的投喂 混养的小龙虾与鳖如不补充投喂人工配合饲料，其生长速度与养殖产量都不能达到预期目标。因此，当稻田水温回升，达到小龙虾、鳖较适宜的生长温度时需要投喂人工配合饲料。一般小龙虾对水温要求较低，当稻田水温达到 15 ℃时，可以适当补充投喂配合饲料，当水温达到 20 ℃时，要加强投喂，日投喂量在 3.0%～4.0%。投喂的饲料以沉性膨化颗粒饲料为好。套养的鳖对水温要求较高，一般当水温达到 25 ℃时要开始投喂，在 28 ℃以上时要加强投喂，日投饲量在体重的 2.0%～3.0%，投喂的饲料以浮性膨化颗粒饲料为好。

7. 病害防治

养殖的小龙虾由于环境、管理及其本身携带的病原体等原因可能患病，套养的鳖由于放养密度较低，一般不太会有重大的病害发生，目前主要有有以下几种：

（1）病毒性疾病 病毒性疾病主要是白斑综合征，为危害小龙虾的主要病害。主要症状是部分头胸甲等处有黄白色斑点，体色较暗，活力下降，多数在沟、坑及田埂周边。

（2）细菌性疾病 细菌性疾病主要有烂鳃病、烂尾病等。烂鳃病主要症状为病虾鳃丝发黑、局部腐烂，烂尾病症状为尾部溃烂或残缺不全。

（3）寄生虫病 寄生虫病常见的有聚缩虫病、纤毛虫病等。聚缩虫病的病原体为聚缩虫，使小龙虾蜕壳困难；而纤毛虫病的病原体为累枝虫、钟形虫等，大量附着时会妨碍活动、蜕壳等。

小龙虾的疾病防治主要是预防为主，措施包括放养前的稻田与虾种的消毒、种植水草、改善水质、补充投喂一些配合饲料等。在混养期间，尽量保持较高水位，防止水温变化过快，保持水环境稳定；发病季节采用碘制剂全池泼洒，每立方水体用量为 0.3～0.5 毫升，连续 2～3 次，隔天一次对水体消毒杀灭病原体；在冬季冬闲田堆放一些稻草，为小龙虾提供冬、春季栖息场所。

8. 起捕收获

捕获小龙虾的方法较多，常用的有地笼捕捞和干田捕捞。地笼操作方便，效果也好。采用地笼捕捞时，傍晚将地笼放在稻田田埂周边、沟坑处，早上起笼收虾。地笼的网目大小要合适，让规格较小的龙虾能从网眼中逃逸，实现捕大留小。当需要全部起捕时，则可先用地笼捕捞，再干田捕捞。

二、主养鳖套养小龙虾的混养模式

以鳖为主、套养小龙虾，是目前稻鳖综合种养中较为常见的养殖混养方式，其好处在于基本上不额外增加田间设施投入，一般主要套养小龙虾亲体或抱卵虾。这一混养模式可以充分利用小龙虾的自繁能力，养鳖稻田中鳖的残饵和有机碎屑等，以取得较好的综合效益。

养鳖稻田套养小龙虾，其主要饲养管理的对象为鳖。因此，鳖的饲养管理可以参照前述，但要注意以下几点：

1. 鳖种的放养

鳖的放养密度要比鳖稻模式中鳖的放养密度适当降低，具体与放养规格大小有关，一般鳖种放养规格在 400～500 克/只，放养密度约 400 只/亩；放养规格在 150～250 克/只的鳖种，每亩放养约 500 只。放养的鳖种一般要求无病无伤，鳖体色泽光滑、裙边坚挺。保温大棚培育的鳖种放养时间除了要考虑水稻的种植与田间操作外，还要在放养之前将鳖池的水温逐步调整到水稻田的水温。

2. 小龙虾的放养

小龙虾在稻田中能自然抱卵繁殖。因此，可以在养殖的成虾中挑选亲虾作为养殖苗种的来源。挑选虾体颜色呈暗红或黑红色，体表光泽、无附着物，个体规格在 35～40 克/只，附肢齐全，无伤残的成虾，放养量为每亩 15～20 千克，雌雄比为 3∶1，放养时间一般在 8—9 月；如放养抱卵虾，则要尽量选择规格大的抱卵虾，既可以提高育苗数量，又能培育种质较好的子代。抱卵虾放养量每亩约 15 千克，放养时间在 9—10 月。

3. 饲料的投喂

鳖的饲料一般用膨化颗粒饲料或粉状饲料，根据饲料投喂的定时、定点、定量、定质的"四定"原则进行，日投饲量根据放养的鳖种大小及水温、天气变化控制在 1.0%～3.0%；混养的小龙虾前期主要利用培育的水体中的浮游动物、底栖动物、有机碎屑及鳖的残饵，随着个体的生长，摄取一些田间杂草等，当水温到达小龙虾生长发育的适宜范围，需要适当投喂小龙虾配合饲料等，促进小龙虾的蜕壳生长。

4. 日常管理

鳖、小龙虾混养的稻田在日常管理中要注意以下几点：①坚持利用投喂、田间管理等种养作业时间巡田，检查防逃、防天敌的设施是否完整。②尽量不使用或少使用化肥或农药，特别是对小龙虾敏感的菊酯类农药等。③在水稻水浆管理时，要尽量缩短搁田时间。

三、鳖与红螯螯虾的混养模式

红螯螯虾原产于大洋洲，属于栖息在热带水域的种类，肉质好、生长快，对环境适应性较强。我国于 1992 年引进后进行了池塘、大棚及稻田等养殖，取得了一定的效果。

稻田养殖红螯螯虾、套养鳖目前并不普遍，但随着我国红螯螯虾养殖产业的发展、苗种繁育能力与红螯螯虾市场的受欢迎程度的提高，这一养殖模式会有较好的发展前景。

(一)红螯螯虾对稻田环境的适应性

红螯螯虾作为一种引进的甲壳类品种，对于稻田的环境具有较好的适应性。

1. 耐高温

红螯螯虾适应水温 9～38 ℃，在水温 38 ℃时不会死亡，在温度 9 ℃以下的水体中不能长时间生存，在我国长江流域不能自然越冬。其适宜的温度与养殖时间与稻、鳖相近。

2. 食性杂

红螯螯虾食性杂，可以摄取稻田中的水草、底栖生物、水生昆虫及小鱼虾等，也摄取投喂的人工配合饲料。

3. 适应稻田浅水位

红螯螯虾能较长时间离水生活，适应稻田的浅水环境。在水稻田间操作如浅水灌浆、搁田时可以栖息在开挖的沟、坑中；其对水中溶解氧量要求不高，即使水中溶解氧量下降到 1.0 毫克/升时也不会窒息死亡。

（二）放养前的准备

在红螯螯虾混养之前，应充分做好以下几点准备工作：

1. 田间设施的检查

红螯螯虾能离水爬行与攀爬，逃逸能力强，要对稻田的主要田间设施包括防逃、防敌害设施，沟、坑，田埂，进排水口等进行检查，防止逃逸或受到外来敌害侵害。

2. 稻田的清整消毒

养殖稻田用生石灰或漂白粉进行清整消毒，杀灭稻田中的病原菌，栖息在稻田中的黄鳝、泥鳅等敌害生物及其幼体和一些有竞争性的野生小杂鱼等。生石灰用量为 150～200 千克/亩，重点要对沟、坑进行清整消毒，消毒时要带水消毒。漂白粉主要用于对沟、坑进行重点消毒或日常性的防病消毒，杀灭有害生物与病原菌，用量一般为 20 毫克/升。

3. 水质培育

用生石灰消毒后 2～3 天可以放干田水，重新注入新水，进行水质培育。水质培育可用有机复合肥或氨基酸复合肥，用量每亩50～75 千克，约 7 天水转肥，水中浮游动物大量繁殖，可以放养红螯螯虾幼虾。

4. 水草种植

在稻田沟、坑中种植一些沉水性的水草如伊乐藻、轮叶黑藻，浮性植物如凤眼莲、水花生及浮萍等，既可作植物性饲料，又可作为红螯螯虾栖息、蜕壳时的隐蔽物。

（三）苗种放养

1. 放养时间

由于红螯螯虾在冬季不能自然过冬，当年放养的苗种要在一个生长季节养成。因此，要尽量提早放养，最好是经大棚强化培育提早繁育的苗种。在长江流域的稻田一般适宜在 5 月初开始放养，在 5 月底之前放养结束。

2. 放养规格与密度

红螯螯虾苗种的规格一般要求为 1.5～3 厘米，放养密度控制在 2 000～3 000 只/亩。放养的苗种要求规格大小整齐、肢体完整、行动活泼。

3. 鳖的放养

在养殖红螯螯虾的田块，鳖作为套养的品种一般要放养大规格的鳖种且放养密度要适当降低。每亩放养规格在 400～500 克/只的鳖种 100 只左右。

（四）饲料与投喂

红螯螯虾、鳖混养稻田的饲养管理要点。

1. 营养与饲料

红螯螯虾食性杂，能摄取的饵料种类多，获取容易。由于目前养殖不多，对其营养需求的研究不多。根据现有的一些资料与养殖经验，红螯螯虾的营养需求不高，个体小于 5 厘米的幼虾饲料中的粗蛋白含量 34.0%～35.0%；个体大于 5 厘米的成虾饲料粗蛋白含量在 30%～32%，推荐的主要营养需求见表 5 - 3。

表 5 - 3　红螯螯虾饲料营养需求（%）

红螯螯虾规格	粗蛋白（≥）	粗脂肪（≥）	粗纤维（≤）	粗灰分（≤）	磷（≥）	钙	水分（≤）
幼虾（≤5 厘米）	32.0～35.0	5.0～6.0	7.0	13.0	1.0～1.2	2.0～2.5	12.0
成虾（>5 厘米）	30.0～32.0	4.0～5.0	8.0	13.0	0.8～1.0	2.0～2.5	12.0

饲料的主要配料为鱼粉、发酵豆粕、次粉、玉米及饲料预混剂等。基础配方为鱼粉 15％～20％，发酵豆粕＋花生粕等 20％～25％，麸皮＋次粉等 30％～35％，玉米 10％～15％及饲料预混剂 2％～3％。

2. 饲料投喂

红螯螯虾生长快、养殖周期短，在适宜的水温条件下摄食旺盛，因此要加强饲料的投喂。在养殖初期，主要培育好水质，为幼虾提供丰富的天然饵料。随着红螯螯虾个体的生长，要强化配合饲料的投喂。一般日投喂两次，上、下午各一次，投饲量占体重的 3.0％～5.0％。根据红螯螯虾昼伏夜出的习性，日投喂的饲料量主要在傍晚投喂并以投喂沉性膨化颗粒饲料为宜。

鳖的饲料投喂以补充性投喂为主，日投喂量在 1.0％～3.0％，具体根据水温、天气及摄食情况而定。由于鳖的放养数量不多，饲料投喂量往往不易掌握，以投喂浮性膨化颗粒饲料为好。

（五）日常管理

在红螯螯虾、鳖混养的稻田中，日常的管理要注意以下几点：

1. 保持水位与经常注水

在稻、红螯螯虾、鳖共作期间，在满足水稻生长需求的情况下，要尽量保持较高的稻田水位，尽量保持稻田田面水位在 20～30 厘米，沟、坑处水位在 80～100 厘米。在红螯螯虾苗种放养初期，稻田水质经培育，天然饵料较为丰富，适合红螯螯虾幼虾的摄食生长。在养殖中后期，随着稻田的水温升高、红螯螯虾的个体增大，水容易蒸发，水质容易老化，此时要经常注水以保持稻田水位基本稳定、水质良好，促进红螯螯虾的蜕壳生长。

2. 加强巡田

巡田是鳖、红螯螯虾混养日常管理的重要工作之一。一般性的巡田可以结合饲料投喂、稻田灌溉等工作进行，主要检查防逃设施是否完善、摄食情况是否正常等，如遇到雷雨天、台风天或高温闷热天等异常天气，则要进行夜间巡田，防止红螯螯虾与鳖的逃逸。

3. 防止农药污染

红螯螯虾对于一些农药较为敏感，如菊酯类农药、敌百虫等，在鳖、红螯螯虾混养的稻田中禁止使用。同时，还要注意在周边稻田施用农药期间对养殖稻田的污染，防止含对虾敏感农药的水流入。

(六) 敌害生物与病害的防控

红螯螯虾的敌害种类较多，特别是在幼虾养殖期间与蜕壳期间。在红螯螯虾苗种放养初期，主要的敌害生物包括水蜈蚣、红娘华及黄鳝、青蛙等，对于这些生物在稻田清整消毒时予以清除。在养殖的中后期，主要敌害生物有鸟类如白鹭、苍鹭、老鼠等，特别是白鹭对在田埂周边蜕壳的红螯螯虾危害很大。对于这些稻田外入侵的敌害生物主要用阻止隔离方法防控。建好防逃围栏阻止老鼠等侵入，在红螯螯虾重点栖息区域如沟、坑上方设置大网目的渔网，防止鸟类侵入。

红螯螯虾的病害报道不多，至今尚未有危害严重的病害发生。目前较为常见的是寄生虫和藻类等附着生物。在红螯螯虾养殖后期，由于水质老化或水温下降，红螯螯虾体表会附着黄、褐色的生物，主要为纤毛虫类的累枝虫、聚缩虫、钟形虫等，这些生物附着、加上水温下降会造成虾蜕壳困难，影响红螯螯虾的外观。有条件的养殖业主可以将这些红螯螯虾起捕后在大棚温室中养殖一段时间，蜕壳后再上市销售。

(七) 捕获

在长江流域，稻田在 10 月底、11 月初可以收割，此时稻田的水温也下降到 15～20 ℃，混养的红螯螯虾经 5～6 个月的饲养，可以达到 50～100 克/只，用虾笼诱捕或将稻田中的水放干，在沟、坑中捕获。鳖的捕获也可以在此时进行。

第四节　鳖与青虾混养

青虾，又称河虾，学名日本沼虾，广泛分布在我国的江河、湖泊等淡水水域中，为我国重要的虾类养殖品种之一，2016 年产量达到 27.3 万吨，浙江、江苏是青虾的主要产区。

青虾食性杂、环境适应性强，温度范围 0～38 ℃，生长适宜水温 25～28 ℃，可以自然过冬。青虾繁殖能力强。当年性成熟，能在春、秋季繁殖，在长江流域主要繁殖季节为 5—6 月，怀卵量 2 000～5 000 粒/只。青虾的这些习性使其能作为在养鳖稻田中与鳖混养的品种。

在养殖青虾的稻田，不需要建设成本较大的防逃设施，一般不适合套养能离水爬行的种类如鳖、河蟹、螯虾等。因此，青虾与鳖混养主要是以鳖为主、青虾套养的混养方式。在这一混养方式中，青虾可以利用鳖的残饵，同时一部分繁殖青虾可以作为鳖的天然饵料，留下的青虾则能养成大规格的商品虾。

一、稻田清整

青虾放养之前，要用生石灰或漂白粉对稻田，尤其是沟、坑进行清整消毒。用生石灰清整消毒可以清除一些稻田中敌害生物如水蜈蚣、红娘华及黄鳝、泥鳅等野生小杂鱼。生石灰用量控制在 100～150 千克/亩，带水消毒。如果在稻田中已经放养鳖，则可用 20 毫克/升的生石灰或漂白粉在虾放养之前 5～7 天，重点对沟、坑及四周消毒，以杀死野杂鱼、虫卵及病原体。用药后 5～7 天注入新水培育水质。

二、虾苗种的放养

青虾的繁育能力较强，在一般的淡水水域中均能自然繁育。因此，虾苗种的获得比较方便，可以放养成虾或抱卵虾，也可以放养自繁的虾苗。

（一）放养亲虾或抱卵虾

1. 青虾繁育特性

青虾性成熟较早，虾苗经约 2 个月的养殖可以性成熟，抱卵孵化。怀卵量因个体大小不同有较大变化，一般体长 5～6 厘米的虾抱卵量为 2 000～2 500 粒/只，最高的可达 5 000 粒/只。在稻田中放养亲虾或抱卵虾，让其自然繁殖，是稻田养虾的主要特点之一。

2. 放养亲虾或抱卵虾

（1）亲虾或抱卵虾的选购　亲虾或抱卵虾的选购应在冬、春季，选择从江河、湖泊及水库等大水面等捕获的成虾或抱卵虾，个体体长在 5～6 厘米、体重每千克 300～400 只。冬季或早春选购的主要是未抱卵的亲虾，雌虾与雄虾比为 3∶1，放入冬闲田进行培育。

抱卵虾的选购要尽早开始，一般在 4—5 月，水温在 18～20 ℃以上时就可以抱卵，抱卵孵化的时间可以根据抱卵虾的卵的颜色判定。抱卵虾的卵粒以呈青褐色为好，如呈青灰色或透明状，说明卵授精时间较长，容易脱落，而黄绿色的卵则表示受精时间较短，孵化需要较长时间，不利于孵化。

（2）放养数量　作为在养鳖稻田中套养的种类，亲虾或抱卵虾的数量控制为：放养亲虾，10～12 千克/亩，雌雄比 3∶1 左右；放养抱卵虾，每亩放养量在 5～10 千克。

（二）放养虾苗种

亲虾一年多次产卵，主要产卵季节在春季和冬季。在养鳖稻田中套养的虾苗种主要有两种，即虾苗与幼虾。

1. 放养虾苗

放养虾苗一般为春季苗。长江流域 5 月初开始，水温稳定在 20 ℃以上，到了青虾春季繁殖旺季。春季虾苗放养规格要求在 0.8～1.0 厘米，放养密度为 5.0 万～6.0 万只。

2. 放养幼虾

放养幼虾主要是秋季繁殖的虾苗，到了 11 月下旬至 12 月底水稻收割后，秋季繁殖的虾苗多数未达到上市规格，起捕后重新放养。放养时，将收割水稻后的稻田蓄水，形成冬闲田养殖。放养规格一般为体长 2～3 厘米，每千克 2 000～3 000 只，亩放养量在 1.5 万～2.0 万只。

（三）饲料与投喂

1. 饲料

青虾的食性较杂，在稻田中放养的虾苗可以摄取水中的浮游动物、鳖的残饵、有机碎屑等，随着虾体的增大，能摄取部分水草嫩芽、底栖生物、水生昆虫等。青虾对饲料营养成分的需求不高，饲料主要营养成分一般为粗蛋白32%～36%，脂肪含量5%～6%，碳水化合物25%～30%（表5-4）。

表5-4　青虾饲料主要营养成分推荐值（%）

青虾规格	粗蛋白（≥）	粗脂肪（≥）	粗纤维（≤）	粗灰分（≤）	磷（≥）	钙	水分（≤）
幼虾（≤3厘米）	33.0～35.0	5.0～6.0	6.0	13.0	1.0～1.5	2.0～2.5	12.0
成虾（>3厘米）	30.0～32.0	4.0～5.0	7.0	13.0	1.0～1.2	2.0～2.5	12.0

青虾饲料的主要原料为鱼粉、虾壳粉、发酵豆粕、次粉等，基础配方的主要原料组成根据虾的生长阶段营养需求及原料的来源而变化，但一般为国产鱼粉15%～25%，虾壳粉5%～8%，发酵豆粕20%～25%，麸皮、次粉等25%～30%，酵母3%～5%。由于青虾在生长发育期间要多次蜕壳，对饲料中钙、磷的需求量较大，要求钙2%～3%，磷1.0%～1.2%，维生素及微量元素含量适宜。

2. 饲料与投喂

刚孵化出的虾苗，主要是通过培育水体中的天然饵料提供适口充足的饵料。随着青虾的生长发育，可以利用在稻田中的部分天然饵料及鳖的残饵。青虾作为套养品种，食性杂，养殖初期可以不投喂或少投喂，但在生长旺季或青虾个体较大、套养密度较高时，要补充投喂一些虾饲料。虾饲料投喂日投一次，下午5—6时投喂，投喂地点在沟、坑周边。

（四）日常管理

养虾稻田，对青虾的管理要精细。

1. 水质

青虾与蟹、小龙虾相比，离水成活时间短，对水质的要求高，特别是水中溶解氧。水中溶解氧在 5 毫克/升时生长旺盛，3～5 毫克/升摄食下降，低于 2 毫克/升则会缺氧浮头。一般在养殖过程中，田面要尽量保持一定的水位。

2. 防野杂鱼等敌害生物

主要有食肉性动物如鱼、蛙类等，同时还要防止其他野杂鱼。野杂鱼会与虾抢食，野杂鱼多则虾生长慢、规格小。因此，在进水时要用筛网过滤，防止有害生物及其幼体、卵等进入养虾的稻田。

3. 种植水草

在稻田沟坑的周边，要种植一些水草，水草的种类可因地制宜，一般为水花生、水藻等，为青虾栖息、隐蔽提供场所。

4. 注意与水稻田间管理的衔接

一般在养鳖、虾的稻田不使用追肥，很少使用农药。但有时确实需要用药施肥时，要适当提高水位，不用对虾敏感性的农药如菊酯类农药。在水稻田面搁田时，虾在沟、坑中，要保持水的清新，少投喂或不投喂。

第五节　鳖与鱼混养

在养鱼稻田中套养鳖，需要建设防逃围栏，从养殖效益与投入方面考虑，投入与产出性价比不高。而在养鳖稻田套养鱼类，不需要额外增加田间设施的投入就可以进行。因此，鳖鱼混养的主要方式是以鳖为主、套养鱼类。

稻田以种植水稻为主，稻田的养殖环境条件不如专养池塘，水位浅、水温变化大等都对养殖的鱼类不利。因此，品种选择要考虑其生活习性、对稻田环境的适应性、市场销售及价格等因素。适宜套养的品种主要有田鲤、草鱼、鲫、黄颡鱼、泥鳅等。

一、主要混养模式

在以鳖为主的养鳖稻田中，鳖的养殖按照前述稻田养鳖操作。鳖与鱼类的混养主要有以下几种：

（一）鳖、田鲤混养

1. 田鲤在养鳖稻田中的适应性

田鲤为传统的稻田养殖鱼类，田鲤的体色多样，有红、黑、花、白等颜色，经长期稻田养殖驯化，适于稻田养殖，在浙南山区养殖十分普遍。该品种性温驯，不善于跳跃、逃逸，在炎热的夏季田面水温短时高达 40 ℃时还能成活。水位浅时，以腹部贴泥，借助胸鳍在田面上"爬行"。在养鳖的稻田中，田间设施较好，沟、坑的面积在 8.0%～10.0%，可以较好地满足田鲤栖息生长需求。田鲤肉质鲜嫩，鱼鳞松软、可食，在浙江南部深受消费者青睐，市场价格在浙江南部传统的稻田养殖区相对较高，目前在 30～40 元/千克。

2. 套养方式

在养鳖的稻田中可以套养田鲤夏花，培育稻田养殖成鱼的鱼种；也可以放养仔口鱼种或老口鱼种养殖商品鱼。

（1）套养夏花鱼种　夏花鱼种是指孵化出的鱼苗经 1 个月左右的培育规格达到 3 厘米左右的小规格鱼种。套养夏花鱼种一般在 5 月中下旬进行，夏花鱼种的规格在 2.3～3.0 厘米/尾，每亩放养 1 000～1 500 尾。夏花鱼种在养鳖稻田中除了摄取鳖的残饵，稻田中的水生动植物及水稻的稻花等天然饵料外，经适当补充投喂配合饲料，当年可以育成 15～20 尾/千克的大规格仔口鱼种，一般亩产可以达到 50 千克左右，为稻田养殖田鲤成鱼提供优质的大规格鱼种。

（2）套养仔口鱼种　仔口鱼种又称冬片鱼种，是指当年孵化出的鱼苗或夏花鱼种经半年左右的培育，到冬季规格达到 20～30 尾/千克的鱼种。仔口鱼种的放养时间在冬、春季，放养在水稻收割后蓄水的冬闲田或开挖的沟、坑中。放养的鱼种经一年左右的养殖，一般规格达到 250 克/尾以上，可以起捕上市或用于加工传统的田鲤鱼干。

（二）鳖、黄颡鱼混养

1. 黄颡鱼在养鳖稻田中的适应性

黄颡鱼属鲿科黄颡鱼属，广泛分布于我国各大内陆水系，食性杂，适应环境能力强，市场销售量大，价值较高，近几年内成为我国新兴的主要水产养殖品种之一。2016 年，全国产量达 41.7 万吨。

黄颡鱼为偏肉食性的杂食性鱼类，在稻田养殖条件下，以稻田中的小鱼虾、昆虫、底栖生物为食，也能摄食鳖的残饵、农副产品和鱼类饲料。黄颡鱼环境适应能力强，生存水温范围 0～38 ℃，最适宜温度 25～28 ℃；水中溶解氧量 3 毫克/升以上生长正常，小于 2 毫克/升时摄食下降，甚至缺氧"浮头"。黄颡鱼生长不快，雌、雄鱼差异显著，雄鱼生长快于雌鱼。因此，要养殖全雄黄颡鱼。杂交黄颡鱼是以本地黄颡鱼为母本与瓦氏黄颡鱼为父本杂交而得的子一代，具有生长速度快、对环境适应好、抗病力强、无繁育能力等诸多优点，适合套养于养鳖稻田中。黄颡鱼肉质鲜嫩、无肌间刺，为消费者喜爱的水产品种，目前市场价格在 25～35 元/千克。

2. 套养方式

黄颡鱼一般以套养当年培育的夏花鱼种或仔口鱼种为主。

（1）套养夏花　黄颡鱼夏花体形细长，套养夏花的规格宜大不宜小，要求体长在 4.0～5.0 厘米，用于培育大规格的黄颡鱼仔口鱼种。在长江流域一般 5 月底、6 月初可以放养，放养密度每亩 2 000～3 000 尾，养成的鱼种规格可以达到 30～50 尾/千克。

（2）套养仔口鱼种　仔口鱼种规格大，对套养的稻田环境适应性强，逃避敌害生物能力强，可以获得较好的效果。仔口鱼种的规格要求在 30～50 尾/千克，每亩放养 500～600 尾。

（三）鳖、鲫混养

1. 鲫套养的适应性

鲫是一种对养殖环境适应能力较强的鱼类，食性杂、耐低氧、病害少，为我国传统的主要养殖品种。作为传统的养殖品种和大众化的消费水产品，鲫的消费市场巨大，市场价格一般在 15～20 元/千克。目前，我国养殖的鲫品种较多，经过国家审定的品种有湘云鲫、彭泽鲫、萍乡红鲫、异育银鲫"中科 3 号"、杂交黄金鲫、湘云鲫 2 号、津新乌鲫、白金丰产鲫、赣昌鲤鲫、芙蓉鲤鲫、长丰鲫等优良品种。这些选育出的新品种具有生长快、抗逆性好的优良性状，适合在养鳖稻田中套养。

2. 主要套养方式

（1）套养夏花　套养夏花的规格宜大不宜小，要求体长在 4.0～5.0 厘米，一般用于培育大规格的仔口鱼种。鲫繁殖季节较早，一般水温 17 ℃以上就可以繁殖，因此在我国南部省份如广东、福建等地，鲫繁殖季节在 3 月，江苏、浙江一带在 3 月下旬就开始繁殖。孵化出的鱼苗经培育在长江流域一般 5 月底、6 月初可以放养，放养密度每亩在 1 500～2 000 尾，养成的鱼种规格可以达到 30～50 尾/千克。

（2）套养仔口鱼种　稻田水稻收割后蓄水形成冬闲田，鲫仔口鱼种此时可以放养。冬、春季放养的仔口鱼种规格大，对稻田环境适应性强，逃避敌害生物能力强，套养效果较好。一般每亩套养规格在 30～50 尾/千克的仔口鱼种 300～400 尾，鲫产量可达 50 千克/亩以上。

（四）鳖、鳅混养

1. 泥鳅对稻田环境的适应性

泥鳅为底层鱼类，食性杂，适合栖息在稻田，沟、渠等浅水环境中，对环境的适应性强。耐低氧，能较长时间离水成活。生长适温为 15～30 ℃，最佳水温 25～30 ℃；当冬季水温低于 5 ℃可钻入泥土越冬，夏季水温高于 35 ℃时则入泥避暑。泥鳅广泛分布在我国各类淡水水域，稻田是其栖息分布的主要场所之一，适应于稻田养殖环境。泥鳅种类较多，自然水域中常见的有沙鳅、粗鳞扁鳅、红泥鳅及鳗尾泥鳅等。目前养殖品种主要为鳗尾泥鳅与近几年引进的台湾泥鳅。

2. 套养方式

在养鳖稻田中套养泥鳅，一般放养大规格的泥鳅夏花鱼种或仔口泥鳅种养殖商品泥鳅。

（1）放养大规格泥鳅夏花　泥鳅属于小型鱼类，性成熟较早，一般为 1 冬龄，在水温 18～20 ℃时可自然产卵或人工繁殖。刚孵化出的泥鳅苗体形细小，体长只有 3.0～3.7 毫米，主要以浮游动物为食，对稻田环境适应能力弱，一般不能直接放养稻田，而是要放养在隔离的沟、坑中或设置在沟、坑的网箱中培育。

培育的方法是放养初期用豆浆或专用复合肥培育水质（彩图26），中后期投喂配合饲料。当体长达到 5～6 厘米，可以摄食人工投喂的配合饲料时可以放入稻田。亩放养 4 000～5 000 尾，当年夏花泥鳅到年底平均体重可达 10 克/尾左右，第二年继续在稻田中养殖，可以达到 25～50 尾/千克的上市规格。

（2）放养泥鳅种　在冬、春季套养泥鳅种养殖成鳅，放养的泥鳅规格要求为 8.0～10.0 克，放养密度控制在 1 000～2 000 尾/亩（彩图27）。

泥鳅种的来源主要有两个方面：①稻田培育的泥鳅种，如当年套养的夏花培育而成或养殖未达上市规格的泥鳅；②野生捕获的泥鳅。野生泥鳅种主要在夜晚分散摄食，需要进行驯化，具体方法是：在田埂，沟、坑周边设置几个食台，放养后次日起晚上在食台上投喂少量饲料，以后每日推迟 2～3 小时，并逐步减少食台个数，7～10 天后泥鳅改变原有摄食习性，适应于稻田中的人工投喂。

（五）鳖、草鱼混养

草鱼是我国四大家鱼之一，属典型的草食性鱼类，食性杂、生长快，摄取在稻田中的各种水草、萍以及较嫩的稻草。在养鳖的稻田中套养草鱼主要是利用草鱼的草食性，综合利用稻田水稻收割后留在稻田中的杂草、稻草等。因此，套养方式主要是在水稻收割、稻草返田后蓄水养殖。

在这一套养模式中，放养的草鱼规格要大，有较强的摄草能力，一般在12月至次年1月放养规格在0.5～1.0千克以上的鱼种，放养密度为每亩50～100尾。

二、主要技术要点

（一）关于放养规格与时间

作为养鳖稻田中搭养的品种，尽管不同的鱼类放养规格不同，田鲤、黄颡鱼、鲫的夏花也可放养，但放养大规格鱼种效果更好。一般放养规格为每千克田鲤20～40尾，鲫10～20尾，草鱼1～2尾，黄颡鱼和泥鳅各10～20尾。

由于放养的鱼种规格不同，放养的时间也有差异，但宜早不宜迟。放养的鱼种如为仔口鱼种，即当年繁育的鱼苗培育到年底或次年初。在12月前水稻收割、稻田蓄水后即可放养。稻田蓄水后形成的环境利于鱼类的栖息和生长，搭养的田鲤、鲫、黄颡鱼、泥鳅、草鱼规格大、适温范围广、食性杂，能充分利用稻田中的各类天然饵料，尤其是放养的大规格草鱼能摄取还田的稻草，有利于稻田土壤的肥力提高。夏花鱼种的放养，一般在5月中下旬，水稻插秧返青后进行。

（二）关于放养密度

鱼类在稻鳖稻田中作为搭养品种，要根据鱼苗种的规格大小、稻田条件、鳖的养殖情况与鱼苗种可供情况等确定合理的密度进行放养。一般放养密度为：田鲤的仔口鱼种每亩放养100～150尾，夏花鱼种500～800尾；鲫仔口鱼种的放养量每亩100～200尾，夏花1 000～1 500尾；黄颡鱼每亩仔口鱼种300～500尾或夏花鱼种1 000～1 500尾；泥鳅仔口鱼种500～1 000尾，夏花鱼种4 000～5 000尾；放养草鱼主要是让其摄取在水稻收割后还田的稻草，一般要放养大规格的仔口鱼种，每亩放养50～100尾（表5-5）。

表 5 - 5 搭养鱼类的放养规格与放养密度

放养鱼类	放养规格	放养密度（尾/亩）	放养时间	备注
田鲤	夏花 3～4 厘米/尾，仔口 25～50 克/尾	1 500～2 000，150～200	5 月中下旬，冬、春季	
鲫	夏花 3～4 厘米/尾，仔口 50～75 克/尾	1 500～2 000，300～400	5 月底、6 月初、冬、春季	
黄颡鱼	夏花 4～5 厘米/尾，仔口 15～25 克/尾	2 000～3 000，500～600	5 月底、6 月初、冬、春季	
草鱼	老口 500～1 000 克/尾	50～100	12 月至次年 1 月、冬、春季	次年插秧前全部起捕
泥鳅	夏花 6～8 厘米/尾，仔口 8.0～10.0 克/尾	4 000～5 000，1 000～2 000	5 月底、6 月初、冬、春季	

（三）关于鳖、鱼的饲养与管理

在稻鳖种养的稻田，尽管搭养的鱼类不是饲养管理的重点，但由于其在提高综合种养效益中有明显的增效作用，在饲养与管理中，也要综合考虑搭养鱼类的饲养管理。

1. 稻田清整消毒

对于放养虾、蟹的稻田，稻田的清整消毒是一项十分重要的措施，目的是清除在稻田中的病原体、敌害生物、竞争性生物，为放养的苗种提高良好的生长、栖息环境。这一措施对于套养的鱼类也同样重要。因此，在鱼苗种放养之前，需要进行清整消毒，每亩用生石灰 100～150 千克，化浆后带水全田泼洒。如果在放养鱼苗种之前鳖已经放养，可用漂白粉 20 毫克/升杀菌消毒，重点是沟、坑消毒。

2. 投喂饲料

搭养的鱼类食性杂，除了利用稻田中的天然饵料与鳖的残饵、有机碎屑，还需投喂一些补充性的饲料。由于混养的鱼类食性杂、混养密度低，对饲料要求不高，可投喂谷物、农副产品及普通的渔用配合饲料等，投喂的数量根据实际需要而定。鳖饲料提倡离水投喂，在食台板上投喂软性颗粒饲料。如投喂膨化颗粒饲料，要在沟、坑中投喂。考虑到套养种类的摄食，要适当多投。混养的鱼类在营养需求方面虽然有所不同，但总体上都属于杂食性的鱼类（表5-6）。

表5-6　混养鱼类饲料的主要营养成分（％）

鱼类	粗蛋白（≥）	粗脂肪（≥）	粗纤维（≤）	粗灰分（≤）	钙	磷（≥）	水分（≤）
田鲤	30	4	10	14	2.0～2.5	1.1	12.0
鲫	28	4	10	12	2.0～2.5	1.0	12.0
黄颡鱼	30.0～37.0	3.0	8.0	16	2.0～2.5	0.6～1.5	12.0
泥鳅	32.0～40.0	3.0～5.0	7.0	17.0	2.0～2.5	1.0～1.2	12.0
草鱼	25	4	12	12	2.0～2.2	0.9	12.0

3. 防逃、防敌害生物

放养的部分鱼类具有较强的逃逸能力，尽管养鳖稻田具有良好的防逃设施，但仍然要注意稻田进排水时或雨天等情况，会逆水跳跃或通过裂缝、缺口等逃逸。稻田中鱼类的敌害生物主要有老鼠、鸟类特别是白鹭、苍鹭等，因此也要注意做好防逃、防敌害的工作。

4. 起捕上市

放养的草鱼经冬、春季养殖后，在水稻种植前要起捕上市，不再在稻田中养殖；其他品种待水稻插秧返青后放入大田，继续养殖到水稻收割后起捕上市。

第六章

常见病虫害的防控

第一节 水稻病虫害及防控

一、主要病虫害

水稻主要病害有稻瘟病、纹枯病、稻曲病等；主要虫害有稻飞虱、稻纵卷叶螟、稻螟等。其中稻瘟病、纹枯病、稻曲病这三种病发生地域广、流行频率高、危害程度重。

稻瘟病，又称稻热病，在水稻各个生育期和各个部位都有发生。应以选抗病品种为主。

水稻纹枯病，在水稻整个生育期均可发生，以抽穗前后为盛。主要为害叶梢、叶片，严重时可侵入茎秆并蔓延至穗部。抓好农业防治，以稀植通风、有机质肥料为主。切忌在水稻生长中后期大量施用氮肥。

稻曲病又称黑穗病，俗称"丰产果"。该病只发生于水稻穗部，为害部分谷粒。是近年来发生危害最严重的水稻病害。可在水稻破口期做好药剂防治，就能达到理想效果。

二、防治方法

在水稻病虫害防治上，必须坚持"预防为主，综合防治"的植保工作方针。以种植抗病虫品种为中心，采取以健壮栽培为基础，药剂保护为辅的综合防治措施。加强田间调查，及时掌握病虫害发生情况。选用抗虫品种、培育壮秧、合理密植、合理施肥、科学灌水；及时清除遭受病虫危害的植株，减少田间病虫基数；水稻收获后及时翻耕稻田，冬季清除田间及周边杂草，破坏病虫害越冬场所，降低次年病虫害基数和病虫害发生率。

（一）生态防治

在鳖稻综合种养稻田中，水产养殖动物能摄取水稻中的害虫，可以显著降低害虫密度。但由于水产养殖品种的存在，水稻的病虫害防治不能按照不养殖稻田的传统方法用药，用生态方法控制水稻病虫害显得尤为重要。根据笔者在浙江几年来的实践，可以采用以下几点技术措施（有机稻米生产技术）：

（1）选用抗病抗逆性强的晚粳稻品种　选用具有优质、高产，抗病性、抗倒性较强的中迟熟晚粳稻品种。稻鳖种养的稻田长期处于灌深水状态，具有较强耐湿能力的品种更佳。在浙江可选择嘉58、甬优538、嘉优5号、秀水134、浙粳99、嘉禾218等晚粳稻品种。

（2）石灰水浸种，消灭种传病害　种子用3%石灰水浸种，浸种时保持种子离水面15厘米以上且不要搅动水面，浸足48小时后用清水冲洗干净，催芽播种。采用此浓度浸种后，水稻田间恶苗病等发生量极轻，基本与化学药剂效果相同。

（3）干塘消毒晒塘　生石灰全田施用，消毒抑制水稻真菌性病害。利用水产养殖需要塘底消毒处理的特点，通过重施生石灰杀灭水稻生产中散落在农田的菌核等，减轻水稻真菌性病害的发生。

插秧前排干稻田，亩用生石灰50～100千克消毒处理，并晒塘7～10天，时间充裕的可以更长。消灭有害病原体及真菌类病原，既能控制鳖、虾等养殖期间的病害，又能减轻水稻生长期间的纹枯病、稻曲病等病害的发生。消毒晒塘时间是5月底、6月初或者晚稻收割后。

（4）灌水杀虫卵，控制稻飞虱危害　调水杀卵，防治稻飞虱。

在种养模式中最重要的是水稻病虫害的控制，特别是水稻褐稻虱的控制是最为关键的技术。控制了褐稻虱就实现了水稻的高产稳产。利用褐稻虱成虫产卵在水稻基部叶鞘内的特点，在水稻褐飞虱卵孵化高峰前期，通过灌水浸没水稻叶鞘的方式，抑制褐飞虱卵的孵化，从而控制了最重要的虫害。

7月上旬正是单季晚稻有效分蘖末期，也是实施稻鳖共生模式的初期。稻鳖共生期间尽可能保持田间水位10厘米以上。在7月中旬白背飞虱若虫孵化高峰前、8月中下旬第四代褐稻虱若虫孵化高峰前、9月中下旬第五代褐稻虱若虫孵化高峰前，适当灌深水，达到有效驱虫杀卵及消除稻飞虱在水稻叶鞘上产卵的场所的目的，水稻褐稻虱能控制在防治指标以下（表6-1）。

表6-1　调水抑虫与常规栽培四、五代稻飞虱虫量比较

年份	调水抑虫				观测圃（未打药）				常规农户栽培			
	四代稻飞虱 (8月25日)		五代稻飞虱 (9月25日)		四代稻飞虱 (8月25日)		五代稻飞虱 (9月25日)		四代稻飞虱 (8月25日)		五代稻飞虱 (9月25日)	
	虫量 (万头/亩)	卵量 (万粒/亩)	虫量 (万头/亩)	卵量 (万粒/亩)	虫量 (万头/亩)	卵量 (万粒/亩)	虫量 (万头/亩)	卵量 (万粒/亩)	虫量 (万头/亩)	卵量 (万粒/亩)	虫量 (万头/亩)	卵量 (万粒/亩)
2013	0.46	3.63	1.96	0	2.9	25.9	26.2	45.0	2.50	27.0	17.84	54.02
2014	3.47	6.5	6.67	29.4	6.0	59.0	27.5	89.0	0	22.5	0.37	2.6
2015	0.65	0.0	3.03	0.0	1.84	11.03	0.37	7.35	0.12	36.75	19.11	5.38
2016	0.0	0.0	0.08	0.0	0.61	0.0	0.25	0.0	0.12	0.0	0.0	0.0

（5）冬、春季灌水养鱼灭草杀蛹　以鱼抑草控虫害、草害。稻鳖共生模式单季晚稻收割后灌水养草鱼，一方面通过灌水杀虫蛹，另一方面利用草鱼吃食水稻残余再生稻苗及杂草、稻谷、草籽等，创新了以鱼抑草，全程解决水稻生产中草害问题；稻虾模式则直接放水养殖青虾，以水抑草，从而减少了下季水稻生产时杂草的为害，时间从11月初至次年5月上中旬。

上年 11 月初水稻收获后，稻草全部还田，放水 40～50 厘米，灌水杀虫蛹，时间从 11 月初至次年 5 月上中旬；每亩放养规格约 1 千克/尾的草鱼 50～100 尾。利用草鱼吃食田间杂草及遗落的稻谷，不喂任何鱼饲料。同时放养少量的小龙虾（1.5 千克/亩）。经该技术处理后，晚稻插秧后与多年养殖田改种水稻一样，大型高大杂草基本上看不到，控草效果较理想（表 6 - 2）。

表 6 - 2 草鱼对杂草的控草效果

处理	禾本科草		阔叶草		莎草		总草	
	密度	控草效果（%）	密度	控草效果（%）	密度	控草效果（%）	密度	控草效果（%）
草鱼	0.99	84.5	0.73	87.2	1.1	82.3	3.7	82.9
对照	6.4		5.7		6.2		21.6	

注：杂草密度为每平方米的杂草株数，调查时间 7 月 8 日（鳖放养前）。

2014 年，浙北地区稻飞虱大暴发，但采取以上生态控制措施的稻鳖共生示范方，9 月 28 日田间虫情调查，上三叶卷叶率 1.5%，五代稻飞虱虫量 29.2 万头/亩，卵量 16.2 万粒/亩，蜘蛛 4.77 万头/亩，稻飞虱的田间虫量基本还在可控范围。稻曲病平均病情指数 0.11。该试验基地 996 亩嘉 58 示范方后经专家实割测产验收，平均单产 562.7 千克/亩。

（二）药物防治

在稻鳖养殖模式中，水稻病虫害的发生率较低，但有时遇到气候、环境等变化也会发病。由于养殖的水产品种存在，在使用农药时要尽量选用生物农药，如 BT 乳剂、杀螟杆菌、井冈霉素等对稻纵卷叶螟、稻螟、水稻纹枯病菌有较好的防治效果。特别是传统药剂井冈霉素水剂是传统防治纹枯病和稻曲病的良药，在种养结合模式中应作为水稻真菌性病害的首选药剂。

高效低毒农药康宽（有效成分：氯虫苯甲酰胺）是当前主治稻纵卷叶螟和二化螟的主打药剂，根据试验推荐剂量对鳖安全，稻螟和稻纵卷叶螟大暴发时可以考虑使用；防治稻飞虱可以使用吡蚜酮、烯啶虫胺，在后期水稻褐稻虱大暴发的情况下可以考虑使用。

一般稻鳖共生田块采用上述生态调控技术就能达到理想的病虫控制效果，不需要使用化学农药，化学农药仅为稻鳖共生模式虫害大暴发时的救灾应急储备药剂。

第二节 鳖的病害与防控

鳖的病害随着养殖年份增加和养殖的集约化程度提高而有增加的趋势。据浙江省水产养殖病害监测报告，每年监测到 10 余种病害。其中，外塘 7~12 种/年、温室 4~16 种/年。在稻鳖养殖模式中，由于鳖的养殖密度大幅降低，稻鳖共生、稻鳖轮作的互利，鳖病的发生会显著减少。但在大棚培育鳖种阶段和鳖种放养初期还会经常发病。因此，对一些主要的鳖病防治也要重视。

一、主要病害

目前在养殖中危害较大的病害有白底板病（出血性肠道坏死症）、红脖子病、鳃腺炎病、白斑病、腐皮病、穿孔病、红底板病等，近几年又发现软甲病、摇头病等。其中，危害性较大的病害有白斑病、白板病、穿孔病、头部畸形和粗脖病等。

1. 白斑病

又称白点病，是稚鳖培育阶段主要的病害之一，稚鳖放养三个月内容易发病，特别是当养殖鳖池水透明度大、水温在 25 ℃以下很容易发病。发病症状为鳖的背甲部及裙边出现白色斑点，严重时白斑扩大，有溃烂现象，临近死亡时常浮在水面，死亡率高。主要发病在稚鳖培育早期（彩图 28）。

2. 白板病

流行情况：鳖种从温室转入池塘养殖后不久，气候变化较大，易发生此病。温度急剧变化为重要诱因之一。

发病症状：腹甲苍白，呈极度贫血状（彩图 29），大部分内脏器官均失血发白。病程发展较快的个体，胃内有积水或异物，肠套叠，肝有血凝块。

病原：爱德华氏菌为优势菌。

3. 穿孔病

流行情况：发病无明显季节性，各生长阶段均可发生。

发病症状：表皮破裂，露出骨骼，出现穿孔（彩图 30）。

病原：气单胞菌与松鼠葡萄球菌为优势菌。

4. 粗脖子病

流行情况：常年发生，主要流行季节为 5—9 月。有极强的传染性，病程短且死亡率高。

发病症状：全身浮肿，颈部异常肿大，有时口鼻出血（彩图31、彩图 32）。

病原：气单胞菌为优势菌。

5. 头部畸形

流行情况：本次发生于温室转外塘后。

发病症状：头部畸形（彩图 33、彩图 34），伴有背甲疖疮。

病原：摩氏摩根菌为该病可能的条件性致病菌。

二、鳖病的防治

鳖病的防治要坚持"预防为主、积极治疗、防重于治"的原则，通过饲养与管理达到减少发病或不发生重大疾病的目标。

1. 生态防治

生态防治是鳖病防治的基础与关键。主要措施包括：

（1）放养健康强壮的鳖苗、鳖种　放养的稚鳖要求规格在 3.5克以上，卵黄囊吸收、脐带收齐；放养的鳖种则要求健康强壮、无病无伤。

（2）密度合理　在鳖种培育期间，稚鳖的放养密度要合理。对于大棚一次性放养培育鳖种，密度在每平方米 25～30 只。在稻鳖共生期间，水稻插秧密度要适当低些，以增加透气性。可采用大垄双行的插秧，每亩种植 0.6 万～0.8 万丛。稚鳖或鳖种的放养也要根据稻田的设施条件和具体种养经验而定，养殖成鳖的一般控制在每亩 500 只左右。

（3）定期消毒　用生石灰或漂白粉进行消毒，从而最大限度减少疾病的发生，定期用 15～20 毫克/升的生石灰或 2 毫克/升的漂白粉泼洒，注意生石灰和漂白粉的交替使用。稻鳖共生的田块，5—6 月和 8—9 月雨水多，突变天气情况多，可适当增加消毒次数。

（4）加强饲养管理　鳖的饲料要采用"四定"投饲方法（定时、定位、定质、定量）进行投喂，日投饲量根据气温变化，正常时占鳖体重的 2%～3%，每天两次，一般为每天上午 7—9 时和下午 4—5 时各投喂一次，并根据摄食情况，酌情增减投喂量，以 1～2 小时内摄食完为宜。

2. 药物防治

鳖稻共作模式下中华鳖养殖密度较低，基本不发病，如发生鳖病，应确诊后对症下药。同时，药物的使用要科学合理，不滥用，严格按照国家有关规定执行。

在大棚或稻田中培育的鳖种，由于养殖密度较高，如饲养管理不当，则容易发病。气单胞菌是中华鳖最常见的致病菌，穿孔病、粗脖病等的病原优势菌主要为气单胞菌，虽然 β -内酰胺类药物（除青霉素）敏感率相对较高，但均未列入国家标准渔药。列入国家标准渔药中氟本尼考敏感率近 80%（表 6-3），可以作为防治药物。

表 6-3　气单胞菌耐药性分析（%）

氨曲南	97.5	多西环素 *	65.0
头孢哌酮	95.0	新霉素 *	50.0
阿米卡星	80.0	恩诺沙星	35.0
氟本尼考 *	77.5		

注：星号代表国家标准渔药。

　　头部畸形的病原优势菌摩氏摩根菌对阿米卡星、新霉素、头孢哌酮高敏。

　　鳖药的给药方法有鳖体消毒、水体消毒和药饵等。在水体中，可以采用水体消毒的方法。常用的漂白粉的浓度一般为 5～10 毫克/升，生石灰的浓度 20 毫克/升。对于抗生素药物应根据规定用药，一般用药饵。用氟苯尼考、新霉素时，每千克饲料拌药 3～5 克，日投喂一次，连续投喂 3～4 天。

第七章

稻 鳖 收 获

第一节　水稻收割

一般来讲，水稻成熟要经历四个时期：乳熟期、蜡熟期、完熟期和枯熟期。水稻收割越晚，稻米的糙米率和精米率就越高，但整米率则是在出穗后约 50 天最高。水稻收割的时间越晚，除了直链淀粉含量以外其他含量的差异并不明显。因此，在水稻出穗后的 45～55 天收割时，水稻的产量差异并不明显，出穗后 45～51 天收割可以兼顾产量和米质。当水稻出穗后的积温达到 950 ℃以上时，一般水稻的品种从外观上看有 5％～10％青粒或 1/3 的穗变黄，为最佳收割时间。

图 7-1　水稻机械收割

水稻收割可以用传统的人工收割，也可用机械收割。对一些养殖规模不大、稻田田块分散又小的，可用人工收割。对于稻田田块集中连片、养殖规模较大的则要用机械收割，节省收割的劳动力成本（图7-1）。

对于规模化经营的业主，一般将收割后的水稻晒干或烘干，当水分下降到14％后进行储存、加工。储存的温度控制在20℃以下，根据市场销售情况进行加工，保障稻米的质量。加工后的稻米经包装后即可出售。一般情况下，稻渔稻田产出的大米因为质量安全而且品质好，经过商标注册与合适的包装，深受消费者青睐（图7-2）。

图7-2　稻米包装

第二节　鳖与混养品种的收捕

一、鳖的收捕

当鳖的规格达到0.5千克以上或稻鳖共生一个生长周期后可以根据市场需求进行收捕。收捕可采用钩捕、地笼或鳖沟、坑内捕获等方式。用钩捕、地笼等方法一般适用于平时的零星捕捉。鳖的大批量起捕一般要在水稻收割后进行。

主要方法是在水稻收获前开始排水搁田。搁田时，灌"跑马水"为主，使鳖进入沟、坑。由于鳖坑四周设置一道栏网、栏网向鳖坑内倾斜，鳖爬入鳖坑后不能进入稻田。在水稻收割时，稻田中养殖的鳖基本上已经集中在鳖坑中，此时可以集中捕获。将集中捕获的鳖冲洗干净并将伤残的鳖剔除后，根据规格大小进行分类包装上市（图7-3）。

图7-3　中华鳖包装

二、混养品种的收捕

对于不同的混养品种，起捕的方法也有差异。一般对于甲壳类的品种如河蟹、小龙虾及青虾等在水稻收割之前用地笼起捕，地笼可放置在沟、坑中，也可以放在稻田放水收割之前在田埂周边部分。田面干涸后未捕获的虾、蟹会集中在坑、沟中，再放水后捕获（图7-4）。

图7-4　青虾和中华鳖的起捕

　　对于混养的鱼类一般在稻田放水，鱼集中在沟、坑后再放水捕获（图7-5）。

图7-5　田　鲤

第八章

稻鳖综合种养示范园区的建设

稻鳖综合种养是我国传统的稻田养鱼的继承与发展，已经显示出较好的综合效益与良好的发展前景。稻鳖综合种养示范区的建设将有力推进与提高这一模式的产业化与专业化程度，成为现代稻渔综合种养的技术集成与创新的载体与样板。

一、示范园区的主要特征

稻鳖综合种养模式虽然发展时间不长，但由于其产生的发展效益显著，养殖技术与模式也日趋成熟，形成了稻、鳖各个种养环节的一种全新的综合种养模式。其具有以下主要特征：

1. 功能区配套完善、设施良好

鳖稻示范园区根据稻鳖综合种养的主要环节设置了鳖稻养殖功能区与水稻育秧、稻米加工、鳖种培育及综合用房配套性功能区等，设施配套良好、功能定位清晰。

2. 规模化经营、专业化、产业化程度较高

示范园区一般规模要求较大，核心区面积各地有所不同，但一般要求在 1 000 亩以上，辐射区面积丘陵、山区 2 000 亩，平原稻区 5 000 亩以上。围绕稻鳖综合种养产业链组织生产，专业化、产业化程度较高（图 8 - 1 和彩图 35）。

3. 稻田改造

示范园区养殖功能区在不破坏耕田的耕种层的条件下，通过田埂的加固抬高、建围墙等，对传统的稻田进行改造，使其成为既能

图 8-1　稻渔综合种养示范园区

种稻又能养鳖或其他水产品种的种养园区。

4. 示范园区建设投入较大，但综合效益好

通过园区建设，稻鳖种养的基础设施配套齐全，种养的产量与质量、品质以及生态效益均可大幅度提高。

二、园区建设的基本条件与要求

1. 园区建设的主体

稻鳖综合种养示范园区是鳖稻综合种养模式新的发展形式，具有产业链较为完整，规模化、专业化、产业化程度高，投资大、效益好的特征，园区的主体要有一定的条件。

园区建设的主体应是农业企业、专业合作社、家庭农（渔）场及种粮大户等，有较强的经济实力、水稻种植与水产养殖的技术与经验。

2. 选址

项目建设地用地落实，建设用地、设施用地的产权、使用权关系明确，租用或承包的则剩余的期限不少于 10 年，建设的内容要符合当地政策与土地城乡等发展规划，不能选择在水源保护区、禁养区、文物保护区等。具体的选址要看以下几个条件：

（1）稻田面积　稻田要有相当的规模，而且不能过于分散，要相对集中连片。要有核心示范区与辐射区，在平原主要稻区，核心区的面积要求千亩以上，辐射区的面积在5 000亩，山区、丘陵地区在2 000亩以上。

（2）**基础条件**　基础条件主要包括水源条件，水利、交通、电力等设施。示范园区对水源、水质要求较高。水源充足，有较好的排灌设施，在洪涝季节不会被淹没受灾，在干旱季节也能保证有充足的水源灌溉，达到旱涝保收。示范区周边无污染，水质良好，符合国家有关渔用水质标准。供电线路有保障，容量负载相匹配，对外交通、通信设施基本具备。

3. 主要建设内容

示范园区的技术内容要根据项目区现有的基础条件及园区建成后的运行情况而定。主要有田间工程、配套工程及设施设备组成。

（1）**田间工程**　主要包括田块平整，田埂，沟、坑，灌排水渠道，道路，防逃设施等。在普通的稻渔等综合种养模式中，田间工程建设也是必须要做的，但建设的要求与标准不同。示范园区中田间工程要考虑较长的种养期限与较高的产业发展程度。因此，建设的标准要高。

稻田田块面积与平整：每块稻田面积小，不利于农机的使用与沟坑的建设。将田块小的稻田整合在一起，经平整整理，使单块稻田的面积在15～30亩。

沟、坑：开挖的沟坑面积不超过稻田总面积10%，以保证水稻的产量不受到影响。鳖稻稻田中的沟、坑要相对集中，一般一块稻田开挖1～2个沟、坑，单块稻田面积在15～30亩时，每个坑的面积在500～1 000米²，坑深1.0～1.2米。

田埂：田埂加固加高。加固、加高田埂有两种：①砖混结构，沿田埂四周用砖块和水泥砌成墙，墙底部埋入土中20～30厘米，高1.0～1.2米，宽约25厘米，墙顶端向内侧压口15厘米，四角呈圆弧形，可防止鳖的逃逸。内侧用水泥抹面，外侧用泥土堆积、夯实。②用塑钢板或用塑钢板等沿田埂四周围成，高50～60厘米，埋入泥土15～20厘米，四角呈圆弧形（彩图36）。

进排水渠道：每一块稻田均要有进排水沟、渠相通。沟渠用明渠，具体长、宽、高根据实际情况而定，一般为宽 40～50 厘米，高 50～60 厘米。也可用管道，管道直径约 30 厘米，进排水口用密网或筛绢包扎，防止鳖的逃逸（图 8-2）。

图 8-2　进排水渠

（2）配套性工程

① 育苗与加工设施　育苗与加工设施主要包括水稻育秧、鳖种培育及产品的加工设施，主要为育秧车间、鳖种培育的保温大棚或新型大棚温室及稻米产品的加工车间等。这些设施的规模要考虑到核心示范区的规模与周边辐射区的范围。

A. 鳖种培育大棚　鳖种培育大棚分为保温大棚和加温大棚。保温大棚不加温只保温，主要功能是通过保温延长鳖的生长期，培育稻田养鳖所需的小规格的鳖种。保温大棚结构简单，建设的主要内容有鳖培育池及大棚顶棚。鳖培育池用土池或经水泥护坡的池，面积不需要太大，一般面积在 1～2 亩，池深 1.2～1.5 米。池顶端用镀锌管或钢构件制成框架，覆盖单层或双层薄膜。加温大棚也称为大棚温室，可保温加热，其主要功能是培育大规格的鳖种，建立"温室＋稻田"的生态养鳖模式。温室大棚与保温大棚相比，能保持水温在鳖的最佳生长温度 28～33 ℃的范围内，生长快，不冬眠；

养殖的密度高，培育的鳖种规格与产量均大。因此，加温大棚的结构要相对复杂一些。大棚温室要求透光，顶棚框架用镀锌管或钢构件制成，用阳光板或双层薄膜覆盖。单座温室面积 500～1 000 米^2，培育池为水泥池，面积 10～20 米^2/个；加热的能源要求为清洁能源，如生物质能源、地热和太阳能等；温室要配套建设尾水处理池，处理池的面积按温室面积的 20% 左右确定。

B. 农产品加工车间　主要指稻米的加工，主要包括水稻的烘干、储存、加工与包装等。

② 综合性配套性设施建设　主要包括道路、供电、管理房、信息平台及园区内绿化等。园区内有主道路与外界相接，园内机耕路要与每块稻田相连，道路两侧绿化。园区内通电，电力容量能满足，供电稳定。综合管理房作为管理、培训教室，信息平台，水质、病害检测室等场所。培训教室作为培训园区内外的渔农民场所，信息平台主要包括在线水质检测、监控、产品质量追溯等内容。

③ 设施设备的配置　示范区的建设还需要配置一些必要的设施、设备，以有效管理与运营园区并充分发挥其作用。主要的设施包括生产用的各类农机设备、渔用设备及配套电力和排灌设备，产品加工设备，检测室用的快速水质检测、病害检测的仪器设备，培训用的多媒体设备及信息平台用的监测监控设备等。

第九章

典型案例及分析

第一节　稻鳖种养典型案例

一、综合性的鳖稻种养案例

浙江清溪鳖业股份有限公司是一家专业从事稻鳖综合种养、中华鳖新品种选育、示范养殖及深加工的集农、工、科、贸于一体的一、二、三产业融合的现代化农业龙头企业，成立于1992年。公司现有稻鳖综合种养基地3 680亩，坐落于湖州德清东北部丘陵与平原交界处的省级现代农业综合区——新港渔业综合区。此外，公司还有稚鳖培育室50 000米^2，下设德清县种养技术研究院，国家级清溪乌鳖良种场，省级中华鳖良种场、饲料厂、食品厂等，年产商品鳖400吨，总资产近亿元。公司以鳖稻共生、有机稻米生产基地建设为平台创新建立了稻鳖综合种养模式，具有较高的经济效益、生态效益和社会效益，已在全国广泛推广。

（一）主要做法

1. 田间工程

防逃围栏建造：鉴于中华鳖攀爬、逃逸能力强，采用内壁光滑、坚固耐用的砖墙作为防逃围栏设施。防逃围栏下沉50厘米以上，墙高150厘米，顶部采用10～15厘米的防逃反边，四周转角处做成弧形，以防止中华鳖外逃。

鳖沟（坑）建设：为便于中华鳖日常管理和水稻收割，利用农田水利冬闲时节在稻田相对安静的田角处或中间建设鳖沟（坑），每块田数量 1～2 个，形状呈长方形，四周用铝塑板、石棉瓦等材质围成一圈，底部用砖堆砌 20～30 厘米以防中华鳖攀爬坍塌，总面积控制在稻田总面积的 5%～10%，深度 50～70 厘米。

2. 生产模式的确定与准备

中华鳖室外养殖条件下生长较慢，从稚鳖到养成商品鳖大多需要 3 年。因此，需要根据年度生产计划合理安排生产模式。根据放养鳖的规格，可选择当年养殖稚鳖，或放养经保温大棚培育的 1 冬龄小规格鳖种，或放养 2 冬龄大规格鳖种，或放养亲鳖。根据生产时节，可选择先种植水稻后放养中华鳖，也可选择先放养中华鳖后种植水稻。确定生产模式后，及时做好田间生产准备工作，包括田间清整、消毒、注水等。

3. 水稻品种的选择和栽培

品种的选择：根据播种时间及插秧密度，选择感光性、耐湿性强的，株形紧凑，分蘖强，穗型大，抗倒性、抗病能力强的品种为主。目前公司已自主或联合培育筛选了一批适宜稻鳖综合种养的水稻新品种，如清溪系列香米、嘉禾优系列、嘉优 5 号、秀水 555、甬优 12 等。

育秧技术：根据水稻品种特性和生产计划，合理确定育秧时间，一般在 4—5 月。为减轻劳动强度、节省人工成本，全面推广水稻机插技术，选用机插泥浆苗床育秧方法。根据机插秧苗秧龄弹性小的特点，须根据所接茬口和插秧进度按照秧龄 18～20 天推算播种期，浸种的落谷期为移栽期向前推 21 天，宁可田等秧苗，不可秧苗等田。以营养土为载体培育标准化秧苗，一般单季稻机插秧播种量要根据品种的发芽率和千粒重等因素调节，一般常规稻 100～120 克/盘，杂交稻为 70～100 克/盘。对于发芽率高、千粒重轻的品种可适当降低播量；而发芽差、千粒重大的品种要适当增加播量。机插秧苗要求叶龄 3～4 叶，适宜苗高 12～18 厘米，秧盘秧苗均匀整齐，根系发达盘结，且秧块提起不散，叶色淡绿色，叶片挺立。秧苗太小时机插质量受到影响，太高则机插时伤秧严重，机插搭苗现象也较重，影响秧苗返青。

栽培技术：采用机插方式进行水稻栽培，使用大垄双行技术，一般亩插 6 000～8 000 丛，每丛 1～2 株。养殖稚鳖的稻田，一般亩插 10 000～12 000 丛，每丛 1～2 株。养殖亲鳖的稻田，一般亩插 3 000～5 000 丛，每丛 1～2 株。同时，在沟坑两边酌情增加栽秧密度。

4. 鳖的放养

稻鳖综合种养放养的中华鳖为自繁自育的清溪乌鳖、太湖花鳖、浙新花鳖，放养时间根据生产模式而定。4 月放养的中华鳖需先暂养在鳖沟（坑）内，用围栏围住，待 5 月水稻栽种 20～30 天后，再散放到大田，实现共生。6—8 月放养的中华鳖，则需注意插秧与放养的时间节点，至少要在插秧 20 天后进行放养，以免秧苗被中华鳖摄食掉。一般情况下，亲鳖的放养时间为 3—5 月，早于水稻插秧；幼鳖的放养时间为 5—6 月，在插秧后进行。稚鳖的放养时间为 7—8 月。根据养殖条件、技术水平等，进行合理的放养（表 9-1）。

表 9-1　鳖的放养密度

中华鳖规格	放养密度（只/亩）
3 龄以上亲鳖	50～200
1～2 龄的鳖种	200～500
30 克以上稚幼鳖	900～1 200
4 克以上稚鳖	4 500～5 000

5. 日常管理

水位管理：插秧以后以浅水勤灌为主，田间水层一般不超过 3～4 厘米，促早分蘖。穗分化后，逐步抬高水位并保持在 10～20 厘米。9 月以深水为主，保持水位在 20～30 厘米，收割前 20 天排水烤田，直至收割机能下田收割为止。水稻收割结束后，对于继续种植大、小麦，油菜等农作物的田块，只需保持鳖沟（坑）中有水即可，无需向大田灌注新水。对于幼鳖越冬的田块，则需逐步加入新水，抬高水位至 50 厘米以上，以确保越冬安全。

水稻施肥和病虫害防治管理：初次开展稻鳖综合种养的水稻田，一般需施加农家堆肥或有机肥作为底肥，供水稻生长，后期视水稻生长情况适当施加追肥。养鳖塘开展稻鳖综合种养，由于残饵、鳖的排泄物等有机质含量高，底质较肥，一般无需再施肥。稻鳖综合种养模式下水稻病虫害较少，采用增设太阳能诱虫灯、病虫害暴发期抬高水位让中华鳖捕食等措施进行防治，不打农药。

中华鳖的饲养管理：水温在 20 ℃以上时开始投喂中华鳖饵料，采用定制的膨化配合饲料，一方面可以使用饲料机自动投喂减少劳动成本，另一方面，膨化配合饲料浮在水面时间久，容易被摄食，环境污染少。采用"四定原则"（定时、定位、定质、定量）进行投喂，日投饲量根据气温变化，正常时占鳖体重的 2‰～3‰，每天两次，一般为每天上午 7—9 时和下午 4—5 时各投喂一次，也可增加到三次。根据摄食情况，酌情增减投喂量，以 1～2 小时内摄食完为宜。此外，有条件的情况下，特别是亲鳖强化培育，适当投喂新鲜的小杂鱼和螺蚌肉等动物性饲料，日投喂量为鳖重的 5‰～6‰。此外，还需要做好"三防"工作，即防病、防逃、防偷。平常采用生石灰化成浆，对鳖沟（坑）进行定期泼洒，以消毒防病、改善水质和底质。每日加强巡查，一旦发现有逃逸的情况，及时采取补救措施，堵塞漏洞。因公司基地面积较大，为防止偷盗现象发生，除平时加强人工巡查外，公司还采用远程监控系统和物联网技术，实现管理智能化和信息化。及时清除水蛇、老鼠等敌害生物，驱赶鸟类。如有条件，可设置防天敌网。

6. 收获

水稻收割：每年 10—11 月，视水稻成熟度采用机收方式进行水稻收割。

中华鳖起捕：中华鳖可根据市场行情和规格随时起捕，采用钩捕、地笼网捕、捉捕等方式进行。在水稻收割后需要集中起捕时，先将水逐步慢慢放干，使鳖进入鱼沟、坑中，再集中起捕。

7. 冬种作物轮作

水稻收割后，及时收走稻草，并用小型开沟机翻耕开沟，种植油菜或大、小麦等作物，来年收获后再进行新一轮稻鳖综合种养。

（二）效益分析

稻鳖综合种养基地的水稻产量视品种不同而异，亩产在450～700千克，中华鳖亩产在150～250千克。因产品质量安全放心，加上实行门市部＋品牌销售模式，产品售价高，稻米销售价格达20元/千克，中华鳖按产品质量划分等级进行销售，售价在176元/千克以上，亩产值高达2.5万元以上，扣除田租、人工、水电、饲料等成本，亩均利润达8 000元以上（图9-1）。

图9-1　浙江清溪鳖业股份有限公司稻鳖综合种养基地

二、稻鳖共作精养案例

浙江省安吉县稻田养鱼面积1 537亩，主要分布在天子湖、梅溪、溪龙、递铺、上墅、杭垓等乡镇，种养模式为稻鳖共生。2个示范基地面积660亩，分别为安吉高庄甲鱼养殖专业合作社和安吉县旺旺水产专业合作社；其中，高庄基地为500亩，旺旺基地为160亩，现将示范基地开展稻鳖共生试点情况总结如下：

（一）技术要点

（1）设施条件　鳖池四周建好防逃设施，泥土池底，开好沟，一般水沟面积占 5%～8%，离开田埂 5～6 米，方便投喂饲料。

（2）品种选择　水稻品种为农作站提供的春优 84，产量高，米质好，抗倒伏性强；鳖种为中华鳖日本品系。

（3）方法　秧苗 5 月 16 日在育秧大棚中培育，6 月 5 日移栽到稻田，采用机插法，直到水稻成熟整个过程中不施肥、不施药。鳖放养时间为 6 月 25 日，放养规格每只 400～500 克，亩放养量为 680 只，投喂配合饲料为主，定时、定量投在鱼沟里，经过 4 个月的饲养，当年培育成 750～1 000 克的商品鳖，水稻 10 月初进行排水烤田，使得鳖慢慢爬入鱼沟，达到商品鳖规格则进行起捕。

（二）效益分析

水产站和农作站到基地进行了测产验收，高庄甲鱼养殖专业合作社鳖稻共生 500 亩的效益情况为：中华鳖亩产 413.9 千克，水稻平均单产 397.25 千克，中华鳖产量为 206.95 吨，水稻产量为 198.625 吨（折成米 139.037 5 吨），亩产值 22 660.8 元（中华鳖亩产值 18 211.6 元、稻亩产值 4 449.2 元），亩成本 15 100 元，亩利润 7 560.8 元，总产值 1 133.04 万元，总成本 755 万元，总利润 378.04 万元。

安吉县旺旺水产专业合作社 160 亩的效益情况为：中华鳖亩产为 377.4 千克，水稻平均单产 422.76 千克，中华鳖产量为 60.384 吨，水稻产量为 67.641 6 吨（折成米 47.35 吨），亩产值 21 340.6 元（中华鳖亩产值 16 605.6 元、稻亩产值 4 735 元），亩成本 14 800 元，亩利润 6 540.6 元，总产值 341.449 6 万元，总成本 236.8 万元，总利润 104.649 6 万元。

（三）小结

（1）在新模式推广之初，水产站积极与农作、植保和农机等站加强工作沟通，整合了各自的技术优势，提出新模式的技术路线，邀请浙江大学、浙江省淡水所等高校院所的专家教授和德清清溪鳖业董事长王根连到安吉开展专题技术培训，全方位提高种养户的知识水平，并组织规模大户到清溪鳖业实地参观先进的稻田养殖技术，拓宽了养殖户的视野，有力保障新模式的推广应用。

（2）鳖稻共生取得了良好的效益，亩利润在 6 500～7 500 元，鳖的价格比池塘养殖的要高 2 元左右，如果品牌打响了，社会知名度高了以后，价格还会提升，稻米价格在 8 元左右，远比普通大米高，通过示范推广，养殖户养殖的积极性逐步提高，养殖面积还会增加。

三、不同放养密度的养殖效果对比案例

稻鳖共生农耕方式中，稻可为鳖提供栖息场所，鳖可以为水稻吞食害虫，排出的粪便有益于养分循环，达到粮食增产的目的。稻鳖共生养殖模式将发展生态农业和发展循环农业有机统一起来。

浙江省绍兴市越城区皋埠镇吼山村村民陈永尧，开展了不同放养密度的养殖效果对比试验并取得良好效果。陈永尧承包稻田面积70 余亩，分 5 大块，稻田四周用五孔板及水泥护坡，四周开挖环沟及鱼坑，整个基地投资规模 100 余万元，开展稻鳖共生养殖模式。

（一）放养与收获情况

2014 年 6 月，在 5 块稻田里分别按亩放养 100～300 只相同规格的中华鳖日本品系鳖种，具体如下：

1 号稻田：放养规格 250～350 克/尾的鳖 200 只/亩。

2 号稻田：放养规格 250～350 克/尾的鳖 300 只/亩。

3～5 号稻田：放养规格 250～350 克/尾的鳖 100 只/亩。

（二）效益分析

亩放养 300 只的 2 号田块，水稻甬优 12 产量 720 千克，鳖产量 153 千克，利润 5017 元；亩放养 200 只的 1 号田块稻产量 732千克，鳖产量 135 千克，利润 4956 元；亩放养 100 只的 3～5 号田块，水稻品种为金早 47、宁 81，产量 842～850 千克，鳖产量为71～73 千克，利润为 2 969～3 252 元。试验结果表明放养 300 只的田块经济效益最好（表 9 - 2）。

表9-2 不同放养密度的种养效益情况

（单位：元）

稻田编号	产值（元）			成本（元）			利润（元）			亩利润（元）
	水稻	鱼类	小计	水稻	鱼类	小计	水稻	鱼类	小计	
1	23 058	141 750	164 808	14 858	97 912	112 770	8 200	43 838	52 038	4 956
2	22 248	157 590	179 838	14 148	114 005	128 153	8 100	43 585	51 685	5 017
3	41 565	117 360	158 925	29 666	76 236	105 902	11 899	41 124	53 023	3 252
4	43 447	125 560	169 007	31 407	83 518	114 925	12 040	42 042	54 082	3 144
5	42 638	119 280	161 918	30 542	79 496	110 038	12 096	39 784	51 880	2 969

（三）关键技术

1. 稻田改造，选择水源充足、排灌方便、无污染的田块

（1）合理确定田沟比例　其中沟、坑面积占10%，种稻面积占90%。

（2）加高加固田埂，做好防逃墙　田埂高50厘米左右。用小砌块或者彩钢瓦做好60厘米高的防逃墙。

（3）挖好鱼沟、鱼溜　目前鱼沟主要有2种开挖方式：①四面围沟，1号稻田围沟宽2～3米，深0.6～1米，大的田块还可在中间再开挖稍浅的"十"字形或"井"字形鱼沟；②中间沟，在稻田中间开挖条形鱼沟，宽5米左右，长根据田块决定，沟深0.6～1米。

鱼沟、鱼溜挖出的泥土，用于增高、增宽田埂。增宽的田埂用于种植蔬菜、水果、苗木等。

（4）设置饵料台　在田间沟一侧设置饵料台，长2～3米，宽0.5米，饵料台一端在埂上，另一端没入水下5～10厘米。

2. 水稻的种植与田间管理

水稻品种选择抗病力强、抗倒伏、分蘗强、口感好的甬优12。

（1）栽插　水稻大垄双行栽插技术，株距18厘米、行距20厘米和40厘米。便于鳖在水稻种的爬行。

（2）施肥　水稻插秧前用量为每亩施复合肥17.5千克做基肥。追肥分两次施：第一次在插后5天，每亩施尿素10千克；第二次在插后30天左右，施尿素10千克、氯化钾5千克。

（3）病虫草害防治　大田栽培前期要重点做好两迁害虫和螟虫的防治工作，适用药剂与用量为：每亩用20%杜邦康宽10毫升、稻腾30毫升、25%吡虫啉10~15克。在分蘖末期（7月20号以后）至破口前，防治纹枯病，适用药剂与用量为：每亩用5%井冈霉素水剂200升，或好力克10~15升加水40~50千克喷雾，喷药时田间要有水层。

3. 鳖的饲养管理

（1）消毒　在鳖种投放前10天，每亩用生石灰150千克进行鱼沟消毒。

（2）放养时间　7月放养鳖种。

（3）密度　放养规格250~350克/尾的鳖100~300尾/亩。

（4）饲养管理　定质：配合饲料为主，也可以投喂新鲜的小杂鱼、螺蛳等。定量：饲料1小时内吃完为宜。定时：6—9月每天投喂2次，其他时间投喂1~2次。定位：在每块稻田做2个食台，作为投食点。

（5）水质管理　每2周根据水质情况换水20~30厘米。

（6）鱼病防治　以防为主，防治结合。在饲养期间，每15天用生石灰全池泼洒。

四、放养大规格鳖种养殖案例

【案例1】

浙江桐庐昊琳水产养殖有限公司成立于2011年，坐落在国家AAAA级风景区瑶琳仙境前方150米，地理位置独特，空气清晰，水源来自瑶琳镇桃源水库（属于国家一级饮用水保护区）。公司主要从事中华鳖日本品系生态养殖与销售，每年可以生产普通温室鳖20万只左右，三年以上生态鳖3万只，鳖苗30万只左右，2014年生产各类水产品总量150吨，年产值450万元，注册的昊琳品牌鳖已通过无公害产品和无公害场地认证。企业2015年新改造建设稻鳖共生基地60亩，放养大规格鳖种进行稻鳖综合种养，取得了良好的效果。

（一）主要做法

1. 种养设施改造

选择不渗漏、保水性强，水源充足、水质好、进排水方便、光照条件好并集中连片的低洼田畈作为养鳖水稻田。在稻田一角建鳖坑，深50～60厘米，四周用水泥砖砌成，并于鳖坑四周围绕铁皮，防止放养的中华鳖逃逸。在田块四周及中间挖数量不等的宽80厘米、深30～50厘米的鱼沟。鳖坑与鳖沟相通，鳖沟开成"田"字或"井"字形。同时加宽并夯实田埂，防止田埂崩塌，要求田埂高出水稻田30～50厘米，确保可蓄水30厘米以上。在进排水口安装拦鱼栅，用60～80目过滤网片拦截，以防止中华鳖逃逸。

2. 水稻种植

水稻种植前施足有机肥，并按照常规方法种植水稻，期间适度施肥，培育生物饵料使肥水有度，保持水质温定性。

3. 中华鳖放养

稻田放养的大规格鳖种为温室培育的大规格鳖种。经过一个冬季的饲养，中华鳖适应温室内的养殖环境，如鳖直接投放到水稻田里，当环境突变时就难以适应，主要表现为鳖摄食慢、反激反应大、机体免疫力下降，易诱发多种疾病，如腐皮病、疖疮病、穿孔病等。在放入水稻田之前，应对温室培育的中华鳖进行适应性锻炼调整。首先，温室水温要慢慢降下来，每天降1～2℃，一周左右降到和水稻田温度基本一致（温差不超过2℃）。同时加强营养，在饲料中拌入蛋黄、猪肝等动物性饵料，添加复合维生素、维生素C等预防病害的药物，特别是维生素C，因在中华鳖放入水稻田时容易受伤，维生素 C 可以起到促进伤口愈合、预防伤口感染的作用。中华鳖在放入水稻田时，应选择晴天的中午，温室抓鳖时要轻手轻脚，最大限度减少中华鳖的损伤。要挑选健康，无明显外伤、无畸形的中华鳖，并在入田之前用高浓度的高锰酸钾溶液浸泡中华鳖 10 分钟，然后让中华鳖自行爬入田水中。

4. 日常管理

合理投食：前期用配合饲料等投食，期间每隔半月添加一定量的微生物制剂等药物拌饵，要根据"四定"和"四看"原则投饲。"四定"投饲指定时、定点、定质、定量。"四看"指看季节、看水质、看天气、看摄食及活动情况。日投料量控制在 1‰～2‰，以投在鳖坑为佳。

调控水质：养殖前期每隔 3～5 天注水 1 次，中后期每周注水 1 次，每次 6～10 厘米；同时，每隔 20～30 天施用微生物制剂（如活水宝、EM 原露等），维护水体微生态平衡。

5. 注意事项

坚持巡田，发现异常及时采取措施应对：检查养鳖坑、沟及进、出水口设施完好与否，以防中华鳖逃逸。

鳖的越冬：若计划中华鳖当年不上市，在入秋降温，水稻收割后鳖坑中蓄水，让中华鳖慢慢聚集到鳖坑中，最后割枯黄的水稻秆覆盖在上面，用于保温，防止冻伤。

为确保稳产高产，需注意：①施足基肥、做好防逃滤网和台风暴雨前疏通出水口，保持低水位，低洼田块鱼坑上覆盖网片，是稳产的前提条件；②定期施用微生物制剂，营造良好生态环境和加强投饲是获得高产高效的关键；③控制合理的放养密度和捕大留小，适时上市。

（二）效益分析

桐庐昊琳水产养殖有限公司 60 亩基地示范稻鳖共生模式（图 9-2），2015 年 6 月 21 日亩放养平均规格 400 克/只的大规格中华鳖日本品系鳖种 100 千克，种植春优 84 水稻。10 月收割水稻，亩收割 730 千克，产值 3 036.8 元，利润 1 510 元；当年中华鳖平均规格达 610 克/只以上，亩产 150 千克，产值 18 000 元，利润 5 932 元；合计亩产值达 21 036.8 元，亩利润 7 442 元。

图 9-2 浙江桐庐昊琳水产养殖有限公司稻鳖共生示范基地

【案例 2】

浙江省嘉兴市南湖区余新镇金星村蔡新华，2012 年开始进行了稻鳖共生模式的应用，实施面积 37 亩，取得了较好的效益，现已增加至 50 亩。

（一）模式特点

稻鳖共作生态种养技术通过水稻与中华鳖的种养结合，中华鳖能摄食水稻病虫害，水稻又能将鳖的残饵及排泄物作为肥料吸收；同时，鳖能清除稻田里的杂草，水稻环境又有利于鳖的隐蔽和生长，互相起到预防病害、促进生长的作用。实行稻鳖生态共生，水稻的病虫害、杂草明显减少，可以减少甚至完全不用除草剂、农药和化肥，大幅度降低了农业生产中产生的污染，改良了养殖环境。

（二）放养收获及收益情况

见表 9-3、表 9-4。

表 9-3　放养收获情况

时间	面积（亩）	放养				收获		
		养殖品种	种（养）时间	规格（千克/只）	数量（只）	时间	鳖规格（千克/只）	水稻亩产（千克/亩）
2012	37	鳖	6月20日	0.6	3 320	10月底	1.1	88.8
		水稻	6月初	行距30厘米×株距17厘米		11月底		450
2013	50	鳖	6月15日	0.5	4100	10月底	1	80.4
		水稻	6月初	行距30厘米×株距17厘米		11月底		532
合计	87	鳖	6月中旬	0.54	7420	10月底		84
		水稻	6月初	行距30厘米×株距17厘米		11月底		497.1

表 9-4　经济效益情况

年度	面积（亩）	品种	产量（千克）	总产值（万元）	总净收益（万元）	每亩收益（元）
2012	37	鳖	3 287	29.58	11.16	3017
		水稻	16 650	4.44		
2013	50	鳖	4 018	36.16	17.87	3 574
		水稻	26 600	5.15		
合计	87	鳖	7 305	65.75	29.04	3 337
		水稻	43 250	9.59		

　　注：水稻等产值包括 2012 年种粮补贴 200 元/亩，计 0.74 万元；2013 年210 元/亩，计1.05 万元。2012 年水稻价格 2.9 元/千克，2013 年 3 元/千克。

（三）关键技术

　　（1）合理放养鳖种是提高经济效益的关键　本试验亩均放养幼鳖仅为 85 只，远远低于每亩 300～600 只的技术要求，导致固定成本偏高经济效益偏低。

（2）水稻移栽时间应与鳖种放养时间相衔接　4月放养鳖种的水稻移栽时间在5月上旬，6月放养鳖种的水稻移栽时间在5月底或6月初。

（3）根据中华鳖的习性，应增设饵料台和晒台　本试验饵料台设置偏少，应在鳖沟左右两侧都设饵料台，每隔10～15米一个，增加鳖觅食、晒背的场所。

（4）开挖暂养池，提高种植成活率　鳖种直接投放鳖沟，容易将刚播种的水稻秧苗踩踏压坏，因此建议鳖种投放前，在鳖沟中拦出一小池，进行3～5天的暂养。

（5）增产效果　稻鳖共生一般情况下可使稻谷增产5%～10%，亩产水稻450千克以上，亩放只重0.3千克300只左右的幼鳖亩产商品鳖180千克，年平均亩效益8 000元以上。养鳖肥田，种稻吸肥，病虫害减少，稻米和鳖质量明显提升。

【案例3】

浙江省奉化市江口街道下陈村陈绍康，稻田养鳖面积50亩，分21个塘，由原来水稻田改造而成，总投资30万元。该养殖户在稻田中套养中华鳖已有6～7年，养殖效益良好。

（一）模式特点

稻田套养中华鳖属互惠互利型生态养殖。稻田作为鳖生长环境，可遮阴、晒背，有虫吃；鳖活动在稻田，既除虫害，又清杂草，粪便还可肥稻田。该模式既不影响粮食生产，又能提高稻田收益。

（二）放养与收获情况

见表9-5。

表9-5　放养与收获情况

种稻品种	种稻		收获	
	时间	每亩植株数	时间	亩产量
水稻甬优12	2014年6月10日	12 000株	2014年11月25日	650千克
套养品种	放养		收获	
中华鳖	2014年6月20日	60只	2014年12月10日	21千克

（三）效益分析

见表 9 - 6。

表 9 - 6　经济效益

产值	单项产值	品种	数量（千克）	单价（元/千克）	总产值（元）
		商品鳖	945	160	151 200
		稻谷	26 000	3.3	85 800
	总产值	亩产值（元）	5 267	总产值（元）	237 000
利润		亩利润（元）	2 600	总利润（元）	117 000

（四）关键技术

1. 养殖技术要点

（1）稻田养鳖条件与设施　稻田套养中华鳖模式在水稻种植区实施，稻田四周增加防逃围栏，田内挖环沟，宽 2 米，深 50～60 厘米。

（2）水稻种植与幼鳖放养　6 月 10 日，租用插秧机种植水稻甬优 12，密度每亩 12 000 株。6 月 20 日，放养幼鳖，规格 0.3～0.35 千克/只，密度约 60 只/亩，共放幼鳖 2 500 只。放养前用高锰酸钾对幼鳖进行消毒。

（3）日常管理　幼鳖放养 10 天后，投喂小杂鱼及福寿螺，日投喂一次，数量 10～15 千克，投在围沟内，全年共计投喂 9 600 斤。其他管理如施肥、除草、除虫与水稻种植方法基本相同。主要区别在于稻田除虫害时不可使用对鳖有影响的剧毒农药。

2. 养殖特点

养殖户反映稻田套养中华鳖模式投入较少，效益不算太高，但很稳定。现在田租费高，水稻种植基本不赚钱，赚钱主要靠养鳖。与普通水稻种植相比，该模式除虫费可以减少一半左右，因为除了稻飞虱外基本不用除虫。治虫农药的减少可以提高稻米的品质。这种养殖模式使水稻种植提高了效益，解决了目前粮食功能区必须种水稻但经济效益差的问题，提高了农民的收入，社会意义重大。

五、放养小规格鳖种养殖案例

【案例1】

浙江省衢州市衢江区稻田养鱼是创新农作制度、探索新型种养模式、发展循环农业的重要组成部分。衢江区是传统粮食大区，区域内水资源丰富，稻田面积广阔。全区有水田16万亩，且90%以上水田灌溉用水有保障。稻田养殖对于该区调整农业产业结构、提高农业产品附加值、增加农民收入具有特殊的意义。为有效推进养鱼稳粮增收工程，2011年以来，在莲花、大洲、杜泽、全旺等乡镇先后建立了稻鱼共生、稻鳖共生、茭白鱼共生、稻鳖轮作等多种模式的试验示范基地。

大洲镇狮子山村的稻鳖共生示范基地选址合理、设施完善、操作规范、效益明显，已经逐步发挥其示范带动作用。该基地自2012年开始养殖鳖，亩放养规格0.2千克的鳖300只，经过两年不到时间的养殖，每亩鳖净增重108千克，年亩增效益达2万余元，增收效果显著。现将该基地的模式特点和技术要领介绍如下，稻田养鱼也可作参考。

(一)田间改造

1. 防逃防盗设施

稻鳖共生模式首先需要考虑防逃和防盗，因此一次性基础设施投资比较大。狮子山稻鳖共生基地一期工程采用了砖砌防逃和高速公路护栏网防盗的方式，每亩稻田的防逃防盗设施投入在3000元左右，也可选择节约成本的材料，如防逃选用石棉瓦围栏，防盗采用简易的金属护栏网或竹箔。石棉瓦围栏每米约15元，简易金属护栏网每米约35元。以30亩方形稻田为例，其防逃防盗设施经测算每亩约1100元。

稻田养鱼的，可结合鱼坑、鱼沟的开挖，加高加宽加固田埂，并在进出水口安装拦鱼栅。

2. 鱼坑和鱼沟

开挖鱼坑是为了在插秧、搁田、收割等田间操作过程中，让鳖或鱼有个安全的暂养场所，也有利于鳖或鱼的捕捞。鱼坑可以开挖在田的一边或一角（方便饲料投喂和管理），也可以开挖在田块中间（鳖或鱼不易受惊扰）。鱼坑的开挖面积一般占稻田面积的5%左右，并与鱼沟相通。鱼坑的宽度按照田块大小调整，一般要求在2米以上。鱼坑深度在1~1.5米。

开挖鱼沟是为了使鳖或鱼更方便地在鱼坑和稻田之间进出，可以开围沟（即四周开沟），也可以开"十"字形沟，具体方式可按照实际情况确定。鱼沟的开挖面积占稻田面积的5%~8%。鱼沟的宽度一般在0.5米左右，深度在0.3~0.4米。

实践证明，10%左右面积鱼坑和鱼沟的开挖对稻谷产量的影响甚微。如要追求养殖产量，可以适当增加鱼坑和鱼沟的开挖面积。

3. 进排水渠

养鱼稻田的进排水渠最好做到自流灌溉、自流排放，如因地势原因无法做到自流灌、排的，则首先满足自流灌溉。

进水渠采用明渠或管道均可，要求每块稻田均能独立灌溉，这是考虑到鱼类病害防治的需要。做不到灌排分开的，则建灌排两用渠道，但在鱼类发病时应注意不要将发病稻田排出的水灌入其他稻田。

（二）苗种放养

采用稻鳖共生模式的，每亩放养规格150克以上的鳖300只，规格过小容易被鹭鸟类伤害。

鳖的放养时间可以选择在水稻插秧之后，一方面鳖这时候已经冬眠结束并已经适应正常气温，另一方面也不易与水稻种植产生矛盾（放养规格大的鳖容易将刚插秧的稻秧爬倒）。

稻田养鱼的，以目标亩产成鱼100千克为例，每亩放养100克以上的鱼种200~300尾。鱼的品种可以选择瓯江彩鲤、彭泽鲫、草鱼、鳊、罗非鱼、泥鳅、太阳鱼等，还可以养殖河蟹、青虾、罗氏沼虾等。

鳖或鱼的苗种在放养前均应进行消毒，可以用3%的食盐水或百万分之十的聚维酮碘浸浴10～20分钟。

（三）水稻的种植和栽培

水稻品种应选择优质、高产、高抗、生长周期较长的超级稻Y-两优系列、中浙优系列、甬优系列等品种的单季晚稻。狮子山稻鳖共生基地种植甬优15，稻谷亩产量可以达到700千克以上。

水稻种植插秧时宜采用大垄双行（也称宽窄行）的栽种方式，宽行的行宽应大于35厘米，既能发挥水稻产量的边际效应，也有利于水稻通风透光和鱼的游动。

不施农药或施用少量低毒农药，可以安装使用诱虫灯，减少水稻虫害的发生概率。不施化肥或略施少量有机肥。

确有必要使用农药或化肥的，必须将鱼集中到鱼坑中，排水时要慢，确保鱼随水进入鱼坑；使用农药时要注意不要将药液洒入鱼坑；农药使用一天后灌入新水。

（四）投饵和管理

用石棉瓦在鱼坑的合适位置设置饵料台，将粉状饲料制成团状放置于石棉瓦上投喂。如果投喂的是膨化颗粒饲料，则可以用塑料管制成框，将浮性的膨化颗粒饲料投喂于框内。每天上、下午各投喂一次，每次投喂后要检查吃食情况，根据吃食情况适当增减投喂数量。

鱼类的膨化饲料可以投喂于塑料框内，沉性饲料则投喂在鱼坑的固定地点，每次投喂后也要检查吃食情况。鱼类饲料也可以适当投喂菜饼、米糠等农家饲料。鱼坑上方安装的诱虫灯中的昆虫可以及时倒入鱼坑中作为鱼类的补充饵料。

高温季节应注意及时补充新水。汛期要经常检查稻田的水位情况和进排水口的情况，发现堵塞及时清理，避免稻田受洪水影响产生逃鱼。

加宽加高的田埂上可以进行立体种植利用，特别是鱼坑一侧，可以搭架种植丝瓜、苦瓜等经济作物，既充分利用了空间，也可以给鳖、鱼类提供一个遮阴、安静的生长空间，还能起到防鸟的作用。

【案例 2】

　　陈海龙，嘉善县天凝镇镇东村人，2014 年发展稻鳖共生养殖面积 40 亩。稻田四周开沟，沟内养殖鳖，中间种植水稻。养殖户陈海龙从 1989 年开始从事养殖行业，曾先后养殖过牛蛙、中华鳖、台湾鳖、巴西龟、中华草龟、鳄龟、珍珠鳖、黄缘龟、大鲵等，有扎实的养殖经验。2003 年担任龙腾鳖业专业合作社社长，带动了一大批养殖户，也先后被评为省级科技示范户、县优秀农产品经纪人、农村实用人才带头人、特色产业带头人等。

（一）模式特点

　　采用稻鳖共生模式，养殖的中华鳖可为稻田疏松土壤、捕捉害虫及提供天然肥料，水稻则可以吸引昆虫为鳖提供天然饲料，并且充分净化吸收鳖排放的废弃物，实现循环生态养殖。稻鳖共生模式一方面可以提高土地资源利用率和产出率，另一方面还可大大减少水稻的化肥和农药施用量，降低生产成本，提高生态经济效益。而且，稻田养殖的商品鳖由于放养殖密度低，基本不发生病害，光泽好，品质大大提升，还可以就近销售、繁荣市场、活跃农村经济，增加农民收入，变自然优势为商品优势和经济优势，非常值得推广。

（二）放养与收益情况

　　放养与收益情况分别见表 9-7、表 9-8。

表 9-7　放养情况

养殖品种	放养			收获		
	时间	规格	亩放	时间	规格	亩产
鳖	2014 年 6 月 25 日	5 只/千克	250 只	2014 年 11 月	560 克	126 千克

表9-8　收益情况

		品种	数量（千克）	单价（元）	总价（元）
产值	单项产值	商品鳖	5 040	60	302 400
		稻谷	20 520	2.8	57 456
	总产值	亩产值（元）	8 996.4	总产值（元）	359 856
利润		亩利润（元）	3 852.4	总利润（元）	154 096

（三）关键技术

1. 养殖技术要点

稻田选择及防逃：稻田应选择低洼地，水源条件好，水流通畅，排灌方便。防逃设施的建设是稻田养鳖的关键，需在稻田四周用钢筋网片、塑钢板等防逃材料加高围栏，防止鳖攀爬逃逸。

稻田开沟：稻田面积共40亩，分成四个田块，分别在每个田块开挖一条沟，沟宽度2～3米，深40厘米，沟长40～50米。

鳖种放养：稻田养鳖要根据稻田条件合理放养鳖种：①要掌握好放养密度，密度过高会影响鳖的生长发育，也容易攀爬致水稻倒伏，密度过低则浪费空间。②要放养合适的规格，鳖的规格过小容易受伤致死，影响鳖的产量，一般建议放养0.2千克以上的鳖种。

饲料投喂：鳖属于杂食性的动物，稻田内的小鱼、小虾、泥鳅及昆虫都可以成为其饵料，因此日常只需适量投喂配合饲料，按照配合饲料计算，该稻田养鳖模式的饲料转化率仅0.8左右，能大大降低饲料的投喂量。

养殖管理：稻田养鳖的管理比较简单，一方面鳖的攀爬能减少杂草的生长，降低除草剂的用量；另一方面鳖摄食水稻病虫害，无需除虫，大大降低了农药的用量。日常则需注意水质管理，适时换水。

2. 养殖难点以及解决问题的措施办法

通过近一年的养殖经验总结，以下三点需改进：①养殖鳖的沟开得不到位，40厘米偏浅，需加深；②水稻田的面积不宜过大，以20～30亩为宜，只需三面三沟，开"田"字形沟面积利用率偏低；③可在稻鳖养殖中适当套养一些青蛙或者牛蛙，真正做到绿色防控。

六、山区高山稻田生态养鳖案例

（一）基本信息

高山稻田生态养鳖是指在海拔 500 米以上的梯田中进行生态种养的稻鳖共生新模式。该模式的主要特点有：①高山稻田优越的水质和空气条件，以及昼夜温差大的立体性气候优势，有利于中华鳖品质的提升；②梯田通风、光照条件好，并且上下梯田之间有石砌田埂，为鳖提供了天然的晒背、活动场所；③在高海拔农村，使用化肥农业少，减少了对水生资源破坏，水田中生物资源丰富，为鳖提供了大量的野生食物；④随着下山脱贫政策的落实，高山梯田抛荒现象非常普遍。通过发展山区高山稻田生态养鳖，能够起到很好的稳粮增收效果，社会效益显著。

（二）放养与收获情况

1. 田间设施建设

（1）选择适宜鳖放养的稻田　主要考虑以下因素：①集中连片，山区梯田居多，田块面积大多较小，宜选择连片的田区，便于统一管理。②水源丰富，无自然灾害隐患。尤其是在夏季连续干旱的情况下，能够有充足的水源保证，在台风或者大雨天，不会被洪水冲袭。③交通、电力、通信等基础设施便利，能够满足基本的生产、生活需要。

（2）加装防逃设施　鳖的逃跑能力强，尤其是适应自然环境后的养殖中后期，这也是稻田放养鳖能否成功至关重要的一个环节。防逃设施做两道，第一道是每块梯田将稻田田埂加高、加宽，高度在 40 厘米左右，内侧铺设石棉瓦，高度 85 厘米，深入田底 10 厘米，上部下方 10 厘米左右，内外用毛竹片夹紧，使之连成整片，防止石棉瓦之间留缝隙或者断裂。在每一块梯田的外沿安装石棉瓦，内侧则在上一块的梯田田埂的外侧安装石棉瓦或者钢丝网，防止鳖窜田或者逃逸。第二道防逃是在整个养殖基地外围安装金属围网，高度2.0米，底部用混凝土浇筑，使之与地面形成整体，没有缝隙。此外，还可以当围墙，对防偷有一定的作用。

2. 稻种选择和种植

通过两年的试验发现，适宜山区稻田养鱼的稻谷品种为中浙优系列：分蘖能力强，谷粒多且饱满，有很强的抗伏、抗病能力，且风味上佳。

稻田要求稻谷植株间距稍大，中浙优系列很适宜稀植，株距约26.67厘米×30.00厘米，过于密植或稀植都会影响产量（梯田的气流相对通畅，可适当密植）。插秧前稻田要先经过翻耕，打底肥。

水稻种植按照田块长8米左右，空2米不种植，使水稻形成相对独立的小块，并在田块中央挖一条宽60厘米、深20厘米的沟，便于鳖活动。空白田块搭建1个晒背台，面积1~2米^2，这一水域也是饵料投喂点，整个面积占水稻种植总面积的10%以内。

通过测算，养鱼稻田的稻谷产量约450千克，与单一种稻的产量基本持平。水稻种植过程一般不使用或少用化肥和农药，农药以生物农药为主。

3. 鳖养殖

（1）鳖种放养

① 品种和质量　放养鳖种选择中华鳖日本品系，并经过一年温室培育，外观要求规格整齐、个体健壮、肢体齐全、爬行敏捷、无损伤、无寄生虫附着，在温室培育过程中，符合无公害各项指标和要求，全程不额外添加油脂，内脏器官健康，能够较快适应野外复杂环境。

② 规格和密度　鳖种体重600克左右。高海拔山区，放养期间温度低，水温在30℃左右的时间还不到1个月，生长较为缓慢。因此，要放养大规格鳖种。亩放密度在200只以内，低密度稀养，能够充分利用水田中的动植物，减少投喂量，不但减少饲养成本，还能提高鳖的品质。

③ 放养消毒和时间　鳖种入田前，用 100 毫克/升高锰酸钾消毒。鳖种放养时间一般在 6 月中下旬，在水稻种植 10 天以后。

（2）放养管理　主要包括投喂、施肥、施药，除虫、除草，防范敌害生物等。

① 投饲　根据"四定"（定点、定时、定量、定质）原则，并根据季节和鳖生长期等因素，一般放养 10 天后，按照每千只鳖投喂 2 千克鳖膨化配合饲料，以 1 小时吃完为准，在 7 月下旬至 8 月下旬高温季节，投喂量增加到每千只 5 千克，每天投喂 1 次，在温度降至 25 ℃后，不投喂饲料，而是喂一些南瓜、胡萝卜等瓜果蔬菜。

② 施肥　以施基肥为主。施复合肥 15 千克/亩，辅以农家肥和绿肥。秋、冬季田块生长的草籽在田块翻耕后，经腐熟也可以增加土壤肥力。

③ 病防用药　尽量少用药、不用药，以生物防治为主。稻谷分蘖期可混合井冈霉素以及杀虫丹进行喷洒，用药防治纹枯病，根据情况喷洒 1～2 次。

④ 越冬　在收割水稻后，将水加满，让鳖在田中自然越冬。在整个冬季，要管理好水，在高海拔地区，冬季最低气温可达零下 10 ℃，注意不能让水整体结成冰块，尤其是与鳖体接触的泥土或者水体不能冰冻。

⑤ 捕捉　根据销售量，适时捕捉出售。

（三）养殖效益分析

2012—2013 年，在云和县崇头镇后垟村开展了高山稻田养鳖试验，并取得一定的成效。该基地原来是田螺养殖基地，面积 108 亩，海拔 998 米，为典型的山区梯田。稻田养鳖面积 8 亩。2012 年投放 910 千克鳖种（日本品系和台湾鳖杂交品种），放养规格 600 克/只，总计 1 500 只，投喂饲料 400 千克，回捕 1 250 只，重量 875 千克，产值 14 万元，利润 8 万元。折合亩产值 1.75 万元，亩利润 1 万元。2013 年投放 600 千克中华鳖日本品系 960 只，平均重量 0.625 千克/只，饲养中投喂饲料 220 千克，死亡 8 只，生长速度、养成品质、成活率均好于 2012 年，取得了可喜的成绩。

（四）销售

创新销售方式：稻田放养中华鳖产量宜"少"，品质追求"精"，以养殖 2 年为佳。由于量少，销售渠道可以通过网络或者团购等方式。本项目养殖的鳖主要通过丽水的《处州晚报》进行团购销售，价格达到 200 元/千克。

（五）经验和心得

（1）高山稻田放养鳖品质好于其他养殖模式　肝体比（肝脏重/活体重）×100％＜3.2％，肢脂比（四肢腰部游离脂肪块重/活体重）×100％＜3.0％；部分比值甚至好于野生鳖。

（2）投放饲料量少　在整个放养过程中，饵料成本只占总成的 15％以下，而一般养殖模式，这一比例达到 60％～70％，极大减少了农民生产成本支出，有利于山区推广。

（3）基础设施建设至关重要　尤其防逃设施建设必须要加强，2012 年回捕率低，逃跑的比例较高。山区梯田一般没有河流灌溉水源，应配套建设储水水窖，在干旱季节能保证水源供应。

（4）放养中华鳖日本品系　在温室培育的时候就要注意体质锻炼，尽量减少药物使用。2012 年投放杂交鳖，在放养过程中发生过细菌性疾病，而 2013 年则没有发生任何病害。

第二节　稻鳖虾共生典型案例

一、鳖青虾混养案例

浙江象山金恩家庭农场位于宁波市象山县西周镇伊家村，是一家集科研、种植、养殖、加工销售为一体的综合性农业企业。目前主要从事水稻和猕猴桃种植及畜禽养殖。公司现有水稻种植面积 360 亩，收割机、插秧机、拖拉机等农机设备共 6 台，仓库 200 米^2，办公场所 220 米^2，固定员工 5 人。2014 年开始实施稻鳖虾共生种养试验，取得了较好的经济效益和生态效益。

（一）主要做法

1. 稻田的选择

根据当地水稻田和水利条件，选择地势低洼、水流通畅、排灌便利、水源充分且质量符合无公害养殖要求的田块开展稻鳖共生示范，田块形状为长方形。

2. 稻田整理改造

（1）挖掘养殖沟渠　为保证种植面积，养殖沟渠面积应控制在稻田总面积的10%以内，视情况将稻田挖成"口"字形。养殖沟渠以上宽下窄的梯形结构为佳，沟深大于0.8米。

（2）修整田埂和田垄　田垄平整后，高出沟底0.8米以上；田埂修整后，高出田垄0.4米以上。为促进养殖沟渠内水循环，夯实埂堤和沟底，并将田垄和田埂四角抹成圆弧形。

3. 设施安装与调试

（1）防逃设施的布设　在田四周拉设2米高的铁丝网，铁丝网基部铺设厚薄膜（入土10~20厘米），以防逃逸和防盗。

（2）防虫设施的安装与调试　在田块中央空隙处安装一盏杀虫灯，既可吸引并杀灭部分害虫，亦可为中华鳖提供食源。

（3）防鸟设施的安装与调试　用尼龙绳在四周铁丝网上构筑一个立体化的防鸟体系，用14股的尼龙绳在铁丝网上在布成0.5米×0.5米的网格。

4. 清田消毒、肥水

5月下旬前，用生石灰按20千克/亩制成石灰乳水遍洒田块进行整体消毒。清田消毒一周后进水（水位应低于田垄20~25厘米），并施发酵的有机肥200~250千克/亩肥水，培育天然生物饵料。

5. 水稻种植

5月下旬，采取插秧机栽培方式完成当地抗病、抗虫、抗倒伏的优质稻种秧苗的播种工作，公司选用的水稻品种有嘉禾优555、清溪1号、甬优12和甬优15等。

6. 青虾和中华鳖放养

6月上旬开始放养青虾和中华鳖，其中青虾的放养规格为体长5～6厘米，放养量为2千克/亩，鳖种的放养规格为500克/只，放养量控制在200只/亩以内，放养前需对中华鳖进行体表消毒。

7. 日常管理

水稻生长期间，田面以上实际水位应保持在5～10厘米。适时加入新水，一般每半个月加水1次，夏天高温季度应适当加深水位。水稻种植期内不施用农药和化肥。共生养殖期间，根据水稻生长情况适时追施经过发酵的有机肥50千克/亩，并加入少量的过磷酸钙，水质透明度控制在15～20厘米。水温超过30℃时，须常换清水并提高水深。平常加强巡田，检查田埂有无漏洞，及时修补进排水口、防逃设施并清除或驱除敌害生物，暴雨天气应及时降低水位，以防养殖生物逃逸。为提高中华鳖的生长速度和削减青虾的被捕食量，定期在养殖沟渠各角落投放一定数量的螺蛳和冰鲜小杂鱼以及少量的人工配合饲料。为控制沟渠水质透明度，放养少量的鳙和鲢，以调节水质。

8. 收获

10月下旬着手水稻收割工作。水稻收割结束可开始逐步起捕青虾和中华鳖，至次年4月初彻底放干田水，捕捞田内的青虾和中华鳖。

9. 注意事项

为便于来年继续生产，收获后要进行翻耕晒田至次年4月中旬，利用机械或人工完成稻田翻耕工作，并经为期2个月的晒田，促进稻田地力的提升。

（二）效益分析

象山金恩家庭农场现有2个稻鳖虾基地，合计面积80亩。以其中一个28亩的基地为例，2015年6月3日放养规格5～6厘米的青虾56千克，7月14日放养平均规格500克/只的中华鳖152千克。10月收割水稻，亩收割12 096千克，产值145 152元；11月共收获青虾504千克，产值60 480元，收获中华鳖169.13

千克，产值20 295.6元。合计产值达 225 927.6 元，扣除苗种费14 479元、劳务费 16 800 元、基地建设费 3 400 元，总利润达168 288.6元，平均亩利润达 6 010.3 元（图 9 - 3）。

图 9 - 3　稻虾鳖共生

二、鳖小龙虾鱼混养案例

【案例 1】

湖北省赤壁市鳖虾鱼稻共作模式亩均产值达 16 847.3 元，亩均纯收入达 11 206.7 元，是单一种植水稻亩均效益的 10 倍。湖北省水产技术推广总站 2012—2013 年在湖北省赤壁市的试验情况如下：

试验地点位于赤壁市芙蓉镇廖家村十组，稻田面积 48 亩。2012 年鳖（中华鳖）、虾（小龙虾）和鱼（鲫）的苗种分别来源于咸宁温室、洪湖小港镇和本地，鳖种下田前用高锰酸钾消毒。饲料为小杂鱼，来源于赤壁市陆水水库。投喂方法：鳖入田后开始投喂，每天下午 5 时投喂 1 次，投喂量为 50～150 千克/天。其中，50～75千克/天投喂 20 天，75～125 千克/天投喂 30 天，150 千克/天投喂至 10 月 2 日，随后投喂量逐渐减少，直至 10 月中旬后停止投喂。2013 年鳖、虾和鱼苗种分别来源于洪湖外塘、稻田自繁和本地。鳖种 4 月 15 日入田，6 月 10 日起开始投喂，饲料种类、投喂方法、投喂量以及种养管理基本同 2012 年（表 9 - 9）。

表 9-9 鳖虾鱼稻共作放养情况

年度	品种	时间	重量（千克）	规格 [克/只（尾）]	数量（只/尾）	备注
2012	鳖	2012 年 6 月 18 日	1 600	401.5	3 984	—
	虾	2011 年 8 月 10 日	500	抱卵虾	18 488	—
	鱼	2011 年 11 月 12 日	625	78	8 016	异育银鲫
	合计	—	2 725			
2013	鳖	4 月 15 日	1 500	550	2 727	
	虾	2012 年自繁	未计	未计	未计	
	鱼	4 月 5—10 日	500	73	6 849	本地鲫
	合计	—	2 000			

2012 年，48 亩稻田共收获水产品 9 121 千克。其中，鳖 4 185 千克、小龙虾 2 296 千克，鱼 2 640 千克，亩平水产品 190.0 千克，水产品销售收入共 775 605 元，亩产值 16 158.4 元；共产水稻 21 840 千克，亩平 455.0 千克，水稻销售收入 46 250 元，亩平产值 963.5 元，两项合计亩平综合效益 10 927.4 元。

2013 年，48 亩稻田共收获水产品 7 568 千克。其中，鳖 4 718 千克、小龙虾 1 000 千克，鱼 1 850 千克，亩平水产品 157.7 千克，水产品销售收入共 730 120 元，亩产值 15 210.8 元；共产水稻 21 250 千克，亩平 442.7 千克，水稻销售收入 48 875 元，亩平产值 1 018.2 元，两项合计亩平综合效益 11 486.0 元（表 9-10）。

表 9-10 鳖虾鱼稻共作效益情况

年度	品种	总量（千克）	均价（元/千克）	总产值（元）	亩均产值（元）
2012	鳖	4 185	160	669 600	13 950
	虾	2 296	32.37	74 325	1 548.4
	鱼	2 640	12	31 680	660.0
	稻	21 840	2.7	58 968	1 228.5
	合计	30 961	—	834 573	17 386.9

（续）

年度	品种	总量（千克）	均价（元/千克）	总产值（元）	亩均产值（元）
	鳖	4 718	140	660 520	13 760.8
	虾	1 000	40	40 000	833.3
2013	鱼	1 850	10	18 500	385.4
	稻	21 250	3.0	63 750	1 328.1
	合计	28 818	—	782 770	16 307.7

结果表明，2012—2013 年，实施鳖虾鱼稻生态种养稻田年平均综合效益 11 206.7 元，与单一种植水稻稻田比较（两年亩平效益 812 元）提高了 12.8 倍，与虾稻连作稻田比较（亩平效益 1 500 元）提高了 6.4 倍，2013 年比 2012 年亩平综合效益提高了 558.6 元。投入产出比达到了 1∶2.99。

【案例 2】

湖北省水产技术推广总站于 2013 年在湖北省襄阳市宜城郭家台鳖基地进行了重复试验。选取试验稻田 11.5 亩。鳖、虾和鱼的苗种均来源于郭家台生态甲鱼合作社，6 月投放鳖种，苗种全部用 3%～5% 的食盐水溶液浸浴 10 分钟后下田。投喂方法：鳖入田后即投喂饲料，投喂量按 5%～8% 进行，每天投喂 2 次，上午 9 时和下午 5 时各 1 次。10 月中旬后停食。虾产品用地笼捕获，鳖干池捕获，水稻为机耕收割。试验结果如下（表 9 - 11、表 9 - 12）。

表 9 - 11　水生动物放养情况

品种	时间	重量（千克）	规格[克/只（尾）]	数量（只/尾）	备注
鳖	6 月 10 日	740	460	1 608	
虾	3—4 月	400	10	40 000	当年幼虾
鱼	3 月	120	100	1 200	本地鲫鱼
合计		1 260			

表 9-12 产品收入情况

品种	总量（千克）	均价（元/千克）	总产值（元）	亩均产值（元）
鳖	1 688	136	229 568	19 962.4
虾	178	14	2 492	216.7
鱼	290	13	3 770	327.8
稻	5 800	4	23 200	2 017.4
合计	7 956		259 030	22 524.3

试验结果，11.5 亩稻田共收获水产品 2 156 千克。其中，鳖 1 688千克、小龙虾 178 千克、鲫鱼 290 千克，亩平水产品 187.5 千克，水产品销售收入共计 235 830 元，亩平产值 20 507.0 元；共产水稻 5 800 千克，亩平 504.3 千克，水稻销售收入 23 200 元，亩平产值 2 017.4 元。两项合计亩平产值 22 524.4 元、综合效益 11 508.3元。

结果表明，实施虾稻生态种养稻田亩平综合效益达到了 11 508.3元，与单一种植水稻稻田比较（亩平效益 750 元），其综合经济效益提高了 14.3 倍，与虾稻连作稻田比较（亩平效益 1 500 元），其综合效益提高了 6.6 倍以上。投入产出比达到 1∶2.04。

第三节 鳖池种养典型案例

一、鳖池鳖稻鱼种养案例

【案例 1】

浙江省海宁市奥力家庭农场位于海宁市周王庙镇云龙村，负责人褚少民，有鳖池 20 个，以土塘为主，面积 102 亩。该基地从 2010 年开始采用池塘稻鳖共生模式，经多年生产，总结形成了一套独特的种养模式。从 2015 年开始品牌经营，并与杭州大型农庄合作，挖掘生态种养品牌价值。

（一）模式特点

通过对原有养殖塘进行改造，在池底垒土形成平台，以实现在养殖中华鳖的同时种植水稻。利用生态共生机制，减少养殖污染和病害发生，降低养殖风险，提高农产品质量。

（二）放养收获及效益情况

见表 9 - 13、表 9 - 14。

表 9 - 13　放养与收获情况

养殖品种	放养			收获		
	时间	规格	亩放	时间	规格	亩产
中华鳖	2016 年 6 月 20 日	453 克/只	300 只	2016 年 11 月底	883 克/只	251 千克
水稻	2016 年 6 月 10 日	基本苗	1.5 万株/亩	2016 年 11 月 15 日	—	262 千克
商品鱼	2016 年 4 月底	247 克/尾	75 尾	2016 年 10 月底	1.7 千克/尾	127 千克

表 9 - 14　效益情况

		品种	数量（千克）	单价（元）	总价（元）
产值	单项产值	中华鳖	25 602	70	1 792 140
		商品鱼	12 954	10	129 540
		水稻	26 724	8	213 792
	总产值	亩产值（元）	20 936	总产值（元）	2 135 472
利润		亩利润（元）	11 233.80	总利润（元）	1 145 848

（三）模式关键技术要点

1. 池塘要求

池塘大小以 4～6 亩为宜，池塘四周用石棉瓦设置，进排水口设置防逃网。为满足种稻需求，对池底进行改造，在池底一侧垒起平台，池塘最深 1.8 米，池塘平台到池底高度 1 米。池塘平台面积占池塘总面积一半左右（图 9-4）。3 月底、4 月初用生石灰清塘。

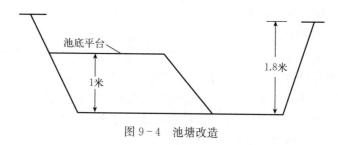

图 9-4　池塘改造

2. 水稻种植与苗种放养

（1）水稻种植

① 水稻品种选择　宜选择茎粗叶挺、分蘖能力强、耐湿抗病、抗倒伏的水稻品种。试点采用的水稻品种为嘉 58。

② 插秧时间　一般在 6 月上旬。基地于 2016 年 6 月 10 日采用机插秧。插秧间距为 20 厘米×30 厘米，每穴 3 株，密度为 1.5 万株/亩。

③ 施肥　种稻前施足基肥，亩施有机肥 1 000 千克/亩，并翻耕入土。6 月底、7 月初，水稻开始分蘖过程中，根据生长情况可追施复合肥，用量为 10～20 千克/亩。

（2）苗种放养

① 中华鳖放养　宜选用生长快、抗病力强的大规格中华鳖日本品系。鳖种放养时间要在水稻插秧 10 天后，池塘水温最好达到 24 ℃以上，放养密度为 300 只/亩。放养前对鳖类进行雌雄分选并消毒，有条件的可以按"雄大""雄小""雌大""雌小"四个种类、规格分养，利于鳖类摄食和增重，成鳖规格亦更匀称。基地放养时间为 2016 年 6 月 20 日。

② 套养商品鱼　4 月中下旬亩放规格为 250 克左右的大规格鱼种，亩放花鲢 25 尾、白鲢 50 尾。

3. 水位控制

池塘初始水位为 80 厘米，此时池底平台露出水面，便于施用有机肥。种稻前期提升水位至高出平台 10 厘米左右。中华鳖放养后逐渐提升水位，至夏季高温季节，水位高出池底平台 50 厘米左右，池塘水位最深 1.5 米。

4. 饲料投喂

采用"定时、定点、定质、定量"原则。为便于鳖集中摄食，在环沟内设置浮框，浮框由木板和泡沫板组成，大小为 1.5 米×2 米，每个环沟放置 3～4 个。投喂膨化饲料，每日投喂 1 次，日均投喂量约为鳖重的 1.5%。投喂量以 2 小时内食完为宜，具体根据当日气温及摄食情况而定。

5. 病害防治

通过稻鳖共生，有效改善水质，减少病害发生。养殖周期内仅在中华鳖放养初期和养殖中期用生石灰或漂白粉消毒即可。水稻种植全程不用农药，采用生态防病措施，每个塘内设置杀虫灯 1 台。

6. 收获

11 月上中旬收割水稻。水稻收割前提前降低池塘水位至池底平台完全露出水面，以诱导鳖爬入塘底，便于水稻采用机割，提高效率。水稻收割后可开始起捕中华鳖，如不起捕，则灌水淹没平台，让中华鳖在塘底自然过冬。至次年 4 月初，中华鳖苏醒活动时，再降低水位使池底平台露出水面，对池塘平台进行翻耕和平整。通过冬季灌水淹没平台，可有效减少水稻病害，抑制杂草生长，促进稻秆腐烂分解及后续翻耕入土。

(四) 养殖心得体会

池塘内稻鳖共生与稻田养鳖的生产场所不同，但都是节本增效的生态种养模式。通过对原有养鳖池塘简单改造，就能满足生产所需，且养殖技术要求低，利于广大养殖户学习和掌握。在共生作用下，水稻和鳖都能够健康生长，减少了农药使用，显著提高了农产品质量，特别适合于品牌营销。同时，通过在池塘中种水稻，能有效改善水质，减少养殖污染，同时增加粮食产出，生态、社会效益也十分显著。

【案例 2】

浙江常山县辉埠镇双溪口村严根华，有 4 个鳖塘，面积 20 亩，2012 年经鳖塘改塘，2013 年 6 月开始鳖塘种稻。

（一）模式特点

鳖塘种稻是突破技术模式的创新，发挥鳖塘的资源优势，在养好鳖的同时增加粮食产量提高单位面积经济效益，实现农业增效、农民增收。鳖稻共生即在同一水体既养鳖又种稻，是根据鳖、水稻的共生互利特点及两物种生长发育对环境的要求，合理配置时空，充分利用土地资源的一种生态养种结合模式示范。鳖稻共生兼有循环农业和生态农业的特点，是循环生态农业的典范。水稻田可为鳖提供栖息场所和饵料，鳖不仅可为稻除虫、翻松泥土，为水稻根部提供氧气，鳖粪还可以肥田，有益于物质循环。可见，鳖和稻的生态系统中有着天然的互利共生关系，达到增产增收的目的。鳖塘种稻很少用农药和化肥，可以减少农业面源污染，有利于水环境的保护。鳖塘种稻还可以利用鳖冬眠其间放养一些大规格鱼类到第二年 4—5 月捕捞上市，充分利用时空资源，提高养殖经济、社会和生态效益。

（二）放养收获及效益情况

鳖池放养与收获情况见表 9 - 15、表 9 - 16。

表 9 - 15　放养与收获情况

养殖品种	放养			收获		
	时间	规格	亩放	时间	规格	亩产
鳖	2013 年 7 月 29 日	100～250 克/只	170 只	2014 年 10 月 20 日	840 克	133 千克
鱼	2014 年 2 月 10 日	100～150 克/尾	160 尾	2014 年 10 月 20 日	0.5 千克/尾	63 千克
水稻	2014 年 6 月 10 日	25 厘米×30 厘米	9 000 丛	2014 年 10 月 18 日	—	395 千克

表 9-16　放养与收获情况

产值	单项产值	品种	数量（千克）	单价（元）	总价（元）
		鳖	2 660	200.0	532 000
		鱼	1 260	12.0	15 120
		稻谷	7 320	4.0	29 280
	总产值	亩产值（元）	28 820	总产值（元）	576 400
利润		亩利润（元）	24 770.5	总利润（元）	495 410

（三）关键技术

1. 养殖技术要点

（1）鳖池的清整与消毒　在鳖种放养前每个鳖塘中开挖"⊥"字鳖坑，使得鳖坑面积占鳖塘面积 30%～40%，深达 1 米，便于鳖的日常栖息，挖出泥土用于加高塘埂，同时进行进排水系统改造，进排水中设置格状铁网以防鳖顺水逃走，确保进排水顺畅，并在鳖塘四周用石棉瓦建 50 厘米高的防逃设施，防逃墙四周不要产生直角，砌成圆弧形，防止鳖外逃。在整个养殖基地外面加一层 2 米高金属防盗网。在鳖塘四周用石棉瓦建多个投饵台，可兼用于晒背，一举两得。鳖种放养前用生石灰彻底清塘消毒，每亩水深 1 米用 100 千克生石灰溶化后均匀全塘泼洒，杀灭有害生物，7 天后毒性消失后方可放养鳖种。同时用发酵好的有机肥培育水质，并分批投放螺蛳供其自然繁殖，提前为鳖准备好天然饵料。

（2）鳖种放养　亩放 150～300 克鳖种 150～300 只，要求鳖种体质健壮、反应敏捷、行动迅速、背甲宽厚，体表无伤、无病，体色鲜亮有光泽。放养时用 20 毫克/升高锰酸钾浸泡鳖种 5～10 分钟进行消毒，以杀灭体表可能带来的寄生虫和病原体。每亩水面搭养规格 200～300 克/尾的鲢、鳙 60 尾，鲫 100 尾左右。

（3）饲料投喂　鳖是杂食性动物，饲料应以动物蛋白为主，植物蛋白为辅，投喂新鲜动物饵料为鳖体重的 10%～15%，配合饲料为鳖体重的 2%～3%，还应根据天气、水温和鳖生长情况灵活掌握，每次投喂以 2 小时以内吃完为度。不投腐烂变质的饲料，以防鱼鳖生病和中毒，投喂应严格按照定时、定位、定质、定量的"四定"原则进行。根据鳖塘里螺蛳等天然饵料多少，随时增殖螺蚓，为鳖提供充足天然饵料。

（4）病害防治　病害防治要遵循"无病先防，有病速治"的原则，并做到对症下药。将防病、治病贯穿整个养殖过程中的各个环节。从5月下旬开始，每隔20～30天，每亩每米水深用10～15千克生石灰溶水后全塘泼洒一次，进行杀菌、消毒和改良水质，每周清洗饵料台一次，保持鳖塘内环境及周边环境的清洁卫生；定期在饲料中加入中草药、免疫多糖、维生素等药物，增强鳖体质，减少疾病发生。

（5）日常管理　①水质调控，每隔20～30天，每亩每米水深用10～15千克生石灰加水调配成溶液全库泼洒，改良水质，既起到消毒防病的作用，又能起到补充鳖生长所需的钙质。②巡塘，坚持每天早、中、晚巡塘察看鳖吃食活动及水质变化情况，检查防逃设施，汛前还要对防逃墙，进出水设施进行维修和加固，发现病死鳖要及时捞出，进行无害化处理。③做好防逃、防盗工作，及时做好放养、投喂、用药、起捕、销售等记录，并整理归档。

（6）捕捞上市　平时需要起捕可以用垂钓和地笼捕捞上市，年底放水，干塘捕捉成鳖，经挑选分级后上市销售。

2. 水稻品种选择与种植

在两年的试验中，养鳖池塘种稻一般选择种单季晚稻为好，品种选择要求茎秆粗壮，不易倒伏，分蘖力强，抗病力、抗虫害力强的优良品种，选种隆两优534良种（耐深水中熟偏迟的品种），插秧时间6月10日左右，采取宽行密株移植，行株距25厘米×30厘米，每亩0.8万～1万丛。根据鳖、稻的生长规律和共生特点，为兼顾鳖稻共生，采取插秧前用足底肥，少施追肥。在鳖坑上边安装频振杀虫灯诱杀稻田害虫。

（四）体会

鳖塘种稻，鳖在稻中的活动减少了人的很多劳动，如除草和杀虫，鳖在稻中间来回爬动使得杂草无法生长，同时使得生长在水稻底部的稻飞虱无法生长。因此，稻飞虱的发生大幅度减少。鳖翻松泥土，为水稻的根部提供氧气，促进水稻生长发育。从"放水养鳖"到"放鳖养水"，可以说鳖塘种稻这种新型农作制度构建了一个安全的生态环境，使得鳖稻相得益彰，互促供需。鳖塘种稻重点其实不在稻谷产量，重要的是生产生态鳖和在稻谷质量上做文章，鳖塘种稻不施化肥农药，而是由鳖负责除虫和施肥，为水稻生长提供绿色的生产环境，所以要突出有机稻米的价值，打造生态鳖和优质稻米品牌，才能大幅度提高经济、社会效益。鳖塘种稻后，每亩田比常规稻田少用肥料、农药，省工、省肥、省成本。总之，鳖塘种稻比单一养鳖种稻效益高，是稳粮增收的好模式。

二、鳖茭白种养案例

浙江湖州南浔练市嘉鸿家庭农场位于湖州市南浔区练市镇新会村。基地交通便利，位于杭嘉湖高速公路路口附近，交通运输条件优越。农场规模 120 亩，主营品种为清溪乌鳖、江南花鳖等，年产商品鳖 30余吨，商品鳖已获得无公害水产品认证。现有乌鳖亲本 1.5 万只、花鳖亲本 3 万余只，年产乌鳖苗 40 万只，花鳖苗 100 余万只。

（一）主要做法

1. 鳖塘基本情况

农场已从事中华鳖养殖 20 余年，鳖塘中种植茭白设施基本齐全。主要设施包括：农场四周用 1.5 米高的围网围住，围网底部用50 厘米高的塑料挡板再围一层，防止中华鳖外逃和老鼠、蛇等天敌的侵害。进排水口放置竹篾编成的拱形栅栏，以防止中华鳖外逃。池塘四周用 40～50 厘米沙袋围一圈，减少中华鳖逃逸机会。池塘边设置产卵房，池中设置晒背台。

2. 茭白栽种

茭白选择品质好、外观洁白、个体大、肉质细腻的早熟品种浙大 2 号（双季茭）和金茭 2 号（单季茭）进行种植。茭白苗栽植采用宽窄行种植，宽行间距 80 厘米，窄行间距 40 厘米；宽窄行种植在不影响茭白产量的同时有利于中华鳖的生长。

3. 中华鳖放养

以公司自繁自育的清溪乌鳖、江南花鳖进行饲养。选择活动能力强、规格均匀、健康无病的中华鳖进行放养。选择天气晴好的下午进行，放养前将幼鳖在 10 毫克/升的高锰酸钾溶液中浸泡，用以杀灭鳖体表的寄生虫和病原。同时在茭白田中投放小鱼、螺蛳等作为鳖的鲜活饵料。

4. 饲料投喂

当水温达到 20 ℃时，开始投喂鳖配合饲料。根据当地水生资源情况，适当投放小鱼、螺蛳等鲜活饵料，同时搭配南瓜等植物性饵料，以保证中华鳖营养。投喂时间一般在早上 8—9 时及下午 4—5 时各 1 次。

5. 水质管理

一般需定期添加新水，以不超过茭白眼为限。定期泼洒微生态制剂，调节水质。利用鳖茭共生进行生产，有效控制了尾水污染物的排放，实现了养殖水的原位净化处理，在当地起到了较好的示范带动作用，生态效益明显。

（二）效益分析

该农场通过鳖茭共生，亩植茭白 500 株，亩放养中华鳖 600只，并适当套养一定量的青虾，利用茭白吸收水体氮磷污染物，利用鳖去除茭白的病虫害，全程不施用任何农药和激素，年产生态鳖、生态乌鳖 30 余吨，生态茭白 20 余吨，年产值 500 余万元，年利润 80 余万元（图 9-5）。

图 9-5　鳖茭白养殖基地

三、池塘藕鳖种养案例

浙江省诸暨市王家井镇新旭村养殖户赵吾美，从事水产养殖20多年，拥有丰富的养殖管理经验，现有水面300多亩，主要从事青虾、中华鳖、水产苗种和常规商品鱼的生产，现养殖基地位于王家井镇新旭村朱槽坞。利用藕净化水质，荷叶遮阳，水深适宜，满足了中华鳖栖息、繁殖和生长需求，同时中华鳖的粪便也可肥田，减少肥料的使用，同时还能消灭部分病虫害，降低藕的发病率。

（一）主要做法

1. 池塘改造与准备

4月前将选好的池塘经过简单的改造，安装好防逃围栏，在4月种藕季节前施足底肥，亩施化合肥100千克（具体视池塘条件调整，如为常年养殖池塘可以适当减少施肥量）。

2. 莲藕种植

栽种的藕品种为35号莲藕，于4—5月种植，当年10月分批上市至次年4月，在栽培技术上只要施足基肥，适时追肥即可。

3. 鳖种放养

6—7月投放鳖种，具体由天气条件和苗种生产情况为准，投放体质健壮、规格整齐，体重150克的幼鳖，每亩放养100只，放养前用5%的食盐水溶液浸洗3～5分钟。

4. 日常管理

常巡塘检查，及时修补防逃设施，暴雨季节要疏通排水口。适时调节水质，根据藕的生产情况和池塘情况进行增肥或换水。饲料主要以自然饲料螺蛳、田间微生物为主。

（二）效益分析

该农户150亩基地，4月种藕52 500千克，6—7月放养规格150克中华鳖2 250千克。10月至次年4月收获莲藕，产量300 000千克，产值48万元；中华鳖成活率在90%以上，收获4 000千克，产值 64 万元。扣除塘租、苗种、人工、肥料等成本 53.1 万元，总利润 58.9 万元，亩利润 3 927 元（图 9 - 6）。

图 9 - 6　鳖藕养殖基地

附录 稻渔综合种养技术规范
第 1 部分：通则

1 范围

本部分规定了稻渔综合种养的术语和定义、技术指标、技术要求和技术评价。

本部分适用于稻渔综合种养的技术规范制定、技术性能评估和综合效益评价。

2 规范性引用文件

下列文件对于本文件的应用是必不可少的。凡是注日期的引用文件，仅注日期的版本适用于本文件。凡是不注日期的引用文件，其最新版本（包括所有的修改单）适用于本文件。

GB 2763 食品安全国家标准 食品中农药最大残留限量

GB/T 8321.2 农药合理使用准则（二）

GB 11607 渔业水质标准

NY 5070 无公害农产品 水产品中渔药残留限量

NY 5071 无公害食品 渔用药物使用准则

NY 5072 无公害食品 渔用配合饲料安全限量

NY 5073 无公害食品 水产品中有毒有害物质限量

NY 5116 无公害食品 水稻产地环境条件

NY/T 5117 无公害食品 水稻生产技术规程

NY/T 5361 无公害食品 淡水养殖产地环境条件

SC/T 9101 淡水池塘养殖水排放要求

3 术语和定义

以下术语和定义适用于本文件。

3.1 共作 co-culture

在同一稻田中同时种植水稻和养殖水产养殖动物的生产方式。

3.2 轮作 rotation

在同一稻田中有顺序地在季节间或年间轮换种植水稻和养殖水产养殖动物的生产方式。

3.3 稻渔综合种养 integrated farming of rice and aquaculture animal

通过对稻田实施工程化改造，构建稻渔共作轮作系统，通过规模开发、产业经营、标准生产、品牌运作，能实现水稻稳产、水产品新增、经济效益提高、农药化肥施用量显著减少，是一种生态循环农业发展模式。

3.4 茬口 stubble

在同一稻田中，前后季种植的作物和养殖的水产动物及其替换次序的总称。

3.5 沟坑 ditch and puddle for aquaculture

用于水产养殖动物活动、暂养、栖息等用途而在稻田中开挖的沟和坑。

3.6 沟坑占比 percentage of the areas of ditch and puddle

种养田块中沟坑面积占稻田总面积的比例。

3.7 田间工程 field engineering

为构建稻渔共作轮作模式而实施的稻田改造，包括进排水系统改造、沟坑开挖、田埂加固、稻田平整、防逃防害防病设施建设、机耕道路和辅助道路建设等内容。

3.8 耕作层 plough layer

经过多年耕种熟化形成稻田特有的表土层。

4 技术指标

稻渔综合种养应保证水稻稳产，技术指标应符合以下要求：

a) 水稻单产：平原地区水稻产量每 667 m² 不低于 500 kg，丘陵山区水稻单产不低于当地水稻单作平均单产；

b) 沟坑占比：沟坑占比不超过 10%；

　　c）单位面积纯收入提升情况：与同等条件下水稻单作对比，单位面积纯收入平均提高 50% 以上；

　　d）化肥施用减少情况：与同等条件下水稻单作对比，单位面积化肥施用量平均减少 30% 以上；

　　e）农药施用减少情况：与同等条件下水稻单作对比，单位面积农药施用量平均减少 30% 以上；

　　f）渔用药物施用情况：无抗菌类和杀虫类渔用药物使用。

5　技术要求

5.1　稳定水稻生产

5.1.1　宜选择茎秆粗壮、分蘖力强、抗倒伏、抗病、丰产性能好、品质优、适宜当地种植的水稻品种。

5.1.2　稻田工程应保证水稻有效种植面积，保护稻田耕作层，沟坑占比不超过 10%。

5.1.3　稻渔综合种养技术规范中，应按技术指标要求设定水稻最低目标单产。共作模式中，水稻栽培应发挥边际效应，通过边际密植，最大限度保证单位面积水稻种植穴数；轮作模式中，应做好茬口衔接，保证水稻有效生产周期，促进水稻稳产。

5.1.4　水稻秸秆宜还田利用，促进稻田地力修复。

5.2　规范水产养殖

5.2.1　宜选择适合稻田浅水环境、抗病抗逆、品质优、易捕捞、适宜于当地养殖、适宜产业化经营的水产养殖品种。

5.2.2　稻渔综合种养技术规范中，应结合水产养殖动物生长特性、水稻稳产和稻田生态环保的要求，合理设定水产养殖动物的最高目标单产。

5.2.3　渔用饲料质量应符合 NY 5072 的要求。

5.2.4　稻田中严禁施用抗菌类和杀虫类渔用药物，严格控制消毒类、水质改良类渔用药物施用。

5.3　保护稻田生态

5.3.1　应发挥稻渔互惠互促效应，科学设定水稻种植密度与水产养殖动物放养密度的配比，保持稻田土壤肥力的稳定性。

5.3.2　稻田施肥应以有机肥为主，宜少施或不施用化肥。

5.3.3　稻田病虫草害应以预防为主，宜减少农药和渔用药物施用量。

5.3.4　水产养殖动物养殖应充分利用稻田天然饵料，宜减少渔用饲料投喂量。

5.3.5　稻田水体排放应符合 SC/T 9101 的要求。

5.4　保障产品质量

5.4.1　稻田水源条件应符合 GB 11607 的要求，稻田水质条件应符合 NY/T 5361 的要求。

5.4.2　稻田产地环境条件应符合 NY 5116 的要求，水稻生产过程应符合 NY/T 5117 的要求。

5.4.3　稻田中不得施用含有 NY 5071 中所列禁用渔药化学组成的农药，农药施用应符合 GB/T 8321.2 的要求，渔用药物施用应符合 NY 5071 的要求。

5.4.4　稻米农药最大残留限量应符合 GB 2763 的要求，水产品渔药残留和有毒有害物质限量应符合 NY 5070、NY 5073 的要求。

5.4.5　生产投入品应来源可追溯，生产各环节建立质量控制标准和生产记录制度。

5.5　促进产业化

5.5.1　应规模化经营，集中连片或统一经营面积应不低于66.7 hm^2，经营主体宜为龙头企业、种养大户、合作社、家庭农场等新型经营主体。

5.5.2　应标准化生产，宜根据实际将稻田划分为若干标准化综合种养单元，并制定相应稻田工程建设和生产技术规范。

5.5.3　应品牌化运作，建立稻田产品的品牌支撑和服务体系，并形成相应区域公共或企业自主品牌。

5.5.4　应产业化服务，建立苗种供应、生产管理、流通加工、品质评价等关键环节的产业化配套服务体系。

6　技术评价

6.1　评价目标

　　通过经济效益、生态效益和社会效益分析，评估稻渔综合种养模式的技术性能，并提出优化建议。

6.2　评价方式

6.2.1　经营主体自评

经营主体应每年至少开展一次技术评价，形成技术评价报告，并建立技术评价档案。

6.2.2　公共评价

成立第三方评价工作组，工作组应由渔业、种植业、农业经济管理、农产品市场分析等方面专家组成，形成技术评价报告，并提出公共管理决策建议。

6.3　评价内容

6.3.1　经济效益分析

通过综合种养和水稻单作的对比分析，评估稻渔综合种养的经济效益。评价内容应至少包括：

　　a）单位面积水稻产量及增减情况；

　　b）单位面积水稻产值及增减情况；

　　c）单位面积水产品产量；

　　d）单位面积水产品产值；

　　e）单位面积新增成本；

　　f）单位面积新增纯收入。

6.3.2　生态效益评价

通过综合种养和水稻单作的对比分析，评估稻渔综合种养的生态效益。评价内容应至少包括：

　　a）农药施用情况；

　　b）化肥施用情况；

　　c）渔用药物施用情况；

　　d）渔用饲料施用情况；

　　e）废物废水排放情况；

　　f）能源消耗情况；

　　g）稻田生态改良情况。

6.3.3　社会效益评价

通过综合种养和水稻单作的对比分析，评估稻渔综合种养的社会效益。评价内容应至少包括：

    a）水稻生产稳定情况；

    b）带动农户增收情况；

    c）新型经营主体培育情况；

    d）品牌培育情况；

    e）产业融合发展情况；

    f）农村生活环境改善情况；

    g）防灾抗灾能力提升情况。

6.4 评价方法

6.4.1 效益评价方法

通过稻渔综合种养模式，与同一区域中水稻品种、生产周期和管理方式相近的水稻单作模式进行对比分析，评估稻渔综合种养的经济效益、生态效益和社会效益。

效益评价中，评价组织者可结合实际，选择以标准种养田块或经营主体为单元，进行调查分析。稻渔综合种养模式中稻田面积的核定应包括沟坑的面积。单位面积产品产出汇总表、单位面积成本投入汇总表填写参见附录 A、附录 B。

6.4.2 技术指标评估

根据效益评价结果，填写模式技术指标评价表（参见附录 C）。第 4 章的技术指标全部达到要求，方可判定评估模式为稻渔综合种养模式。

6.5 评价报告

技术评价应形成正式报告，至少包括以下内容：

    a）经济效益评价情况；

    b）生态效益评价情况；

    c）社会效益评价情况；

    d）模式技术指标评估情况；

    e）优化措施建议。

附 录 A
（资料性附录）
单位面积产品产出汇总表

单位面积产品产出汇总表见表 A.1。

表 A.1 单位面积产品产出汇总表

经营主体名称：
综合种养模式名称：
调查取样人：　　　　联系人：　　　　联系电话：

序号	综合种养面积（×667 m²）		综合种养（评估组）						水稻单作（对照组）				单位面积水稻产量增减（kg）	单位面积产值总增减（元）
	水稻种养面积	沟坑面积	水稻产出			水产产出			水稻种植面积（×667 m²）	水稻产出				
			产量（kg）	单价（元）	单产（kg）	产量（kg）	单价（元）	单产（kg）		产量（kg）	单价（元）	单产（kg）		
A	B	C	D	E	F	G	H	I	J	K	L	M	N	O

记录人签字：　　　　　　　　调查日期：　　　年　　月　　日

注1：增量在数字前添加符号"+"，减量添加符号"-"。
注2：表内平衡公式：F=D/(B+C)；M=K/J；N=F-K；O=D×E-G×H。
注3：表中单价指每千克的价格；单产指每667 m² 的产量；单位面积指667 m²。

附　录　B
（资料性附录）

单位面积成本投入汇总表

单位面积成本投入汇总表见表 B.1。

表 B.1　单位面积成本投入汇总表

综合种养模式名称：

经营主体名称：　　　　　　　联系人：　　　　　　　联系电话：

调查取样序号	对比分析项目	劳动用工	物质投入									其他				单位面积投入合计（元）	单位面积投入增减（元）
		劳动用工费	稻种/秧苗费	化肥费	有机肥费	农药费	水产苗种费	饲料费	渔药费	田（塘）租费	设施设备改造费	服务费（机耕/机收）	产品加工费	产品营销费	其他费用		
	综合种养（评估组）																
	水稻单作（对照组）																
	综合种养（评估组）																
	水稻单作（对照组）																

单位面积投入情况（元）

记录人签字：　　　　　　　调查日期：　　　　年　　　月　　　日

注1：增量在数字前添加符号"＋"，减量添加符号"－"。

注2：表中单位面积指 667 m²。

附录 C
（资料性附录）
模式技术指标评价表

模式技术指标评价表见表 C.1。

表 C.1 模式技术指标评价表

综合种养模式名称：

经营主体名称：   联系人：   联系电话：

序号	评价指标	指标要求	评价结果	结果判定
1	水稻单产	平原地区水稻产量每 667 m² 不低于 500 kg，丘陵山区水稻单产不低于平当地水稻单作平均单产		□合格 □不合格
2	沟坑占比	沟坑占比不超过 10%		□合格 □不合格
3	单位面积纯收入提升情况	与同等条件下水稻单作对比，单位面积纯收入平均提高 50%以上		□合格 □不合格
4	化肥施用减少情况	与同等条件下水稻单作对比，单位面积化肥施用量平均减少 30%以上		□合格 □不合格
5	农药施用减少情况	与同等条件下水稻单作对比，单位面积农药施用量平均减少 30%以上		□合格 □不合格
6	渔用药物施用情况	无抗菌类和杀虫类渔用药物施用		□合格 □不合格

模式评定：

评估模式是否为稻渔综合种养模式：□是 □否

其他评价说明：

评价人签字：   调查日期：   年   月   日

注：技术指标全部达到要求，方可判定评估模式为稻渔综合种养模式。

参 考 文 献

蔡完其，李思发，刘至治，等，2002. 中华鳖七群体稚鳖-成鳖阶段养殖性能评估 ［J］. 水产学报，26（5）：433-439.

傅洪拓，龚永生，2015. 青虾高效养殖模式攻略 ［M］. 北京：中国农业出版社.

戈贤平，缪凌鸿，2015. 大宗淡水鱼高效养殖模式攻略 ［M］. 北京：中国农业出版社.

桂建芳，2009. 异育银鲫养殖新品种——"中科3号"简介 ［J］. 科学养鱼（5）：21.

何中央，2000. 实用养鳖新技术 ［M］. 杭州：浙江科学技术出版社.

何中央，2001. 稻田养殖新技术 ［M］. 上海：上海科学普及出版社.

何中央，何慧琴，陆利，等，2000. 稻田养蟹新技术 ［M］. 杭州：浙江科学技术出版社.

何中央，黄家庆，2000. 稻田养虾新技术 ［M］. 杭州：浙江科学技术出版社.

何中央，张海琪，蔡引伟，等，2015. 中华鳖高效养殖模式攻略 ［M］. 北京：中国农业出版社.

何中央，张海琪，陈学洲，等，2016. 中华鳖高效养殖致富技术与实例 ［M］. 北京：中国农业出版社.

花瑞顺，王中宝，2014. 全雄黄颡鱼的养殖技术及效益评价 ［J］. 中国水产（11）：69-70.

梁宗林，孙骥，陈士海，2008. 淡水小龙虾（克氏原螯虾）健康养殖实用新技术 ［M］. 北京：海洋出版社.

毛振尧，1986. 稻田养鱼技术 ［M］. 杭州：浙江科学技术出版社.

农业部渔业渔政管理局，2017. 2017 中国渔业统计年鉴 ［M］. 北京：中国农业出版社.

施军，李庆乐，2005. 优良鳖种杂交技术应用 ［J］. 淡水渔业，35（2）：218-220.

史纯柏，董学洪，2010. 鱼种池套养青虾 ［J］. 科学养鱼（8）：23.

孙喜模，李清，2014. 我国主要渔业地区水生动物发病特点及防控技术手册

［M］. 北京：中国农业出版社．

王武，李应森，2010. 河蟹生态养殖 ［M］. 北京：中国农业出版社．

王忠华，汪财生，钱国英，2009. 中华鳖杂交后代生长与营养性状研究初报 ［J］. 江西农业科学 （5）：221 - 223.

魏宝振，邓伟，2016. 水产新品种推广指南 ［M］. 北京：中国农业出版社．

吴秀鸿，1982. 鳖的生物学特性研究 ［J］. 福建水产科技 （1）：37 - 41.

吴遵林，曾旭权，2007. 中华龟鳖文化博览 ［M］. 北京：中国农业出版社．

张超，张海琪，许晓军，等，2014. 中华鳖 2 个培育品系的 16rRNA 基因多态性比较分析 ［J］. 中国水产科学，21 （2）：398 - 404.

张海琪，何中央，邵建忠，2011. 中华鳖培育新品种群体遗传多样性的比较研究 ［J］. 经济动物学报，15 （1）：40 - 46.

张海琪，何中央，徐晓林，等，2008. 中华乌鳖的营养成分研究 ［J］. 中国水产 （6）：76 - 78.

张海琪，何中央，严寅央，2012. 中华鳖日本品系养殖现状与发展思路 ［J］. 浙江农业科学 （5）：742 - 744.

章秋虎，吴胜利，2000. 鱼虾鳖池塘生态养殖技术总结 ［J］. 中国水产 （8）：25.

赵仁宣，1999. 稻田养蟹技术 ［J］. 虾蟹养殖 （2）：6 - 12.

钟巧仙，王桂学，孙志刚，等，2010. 鳖、青虾混养试验 ［J］. 中国水产 （11）：35 - 36.

周凡，丁雪燕，何丰，等，2014. 中华鳖日本品系对 6 种饲料蛋白原料表观消化率的研究 ［J］. 水生态学杂志，35 （1）：81 - 86.

周刚，周军，2015. 河蟹高效养殖模式攻略 ［M］. 北京：中国农业出版社．

Bu X J, Liu L, Nie L W, 2014. Genetic diversity and population differentiation of the Chinese soft - shelled turtle （*Pelodiscus sinensis*）in three geographical populations ［J］. Biochemical Systematics and Ecology，54：279 - 284.

Li Z Q, Li J L, Feng X Y, et al, 2010. Sixteen polymorphic microsatellites for breeding of Chinese soft - shelled turtle （*Pelodiscus sinensis*）［J］. Anim Genet，41 （4）：446 - 447.

Que Y F, Bin Z, Rosenthal H, et al, 2010. Isolation and characterization of microsatellites in Chinese soft - shelled turtle，*Pelodiscus sinensis* ［J］. Mol Ecol Notes，7 （6）：1265 - 1267.

Shao Q J, 2013. Soft - shelled turtles. Aquaculture ［M］. 2nd ed. Oxford：Blackwell Publishing Ltd: 460 – 475.

Zhang C, Xu X J, Zhang H Q, et al, 2014. PCR – RFLP identification of four Chinese soft – shelled turtle *Pelodiscus sinensis* strains using mitochondrial genes [J]. Mitochondrial DNA, 26 (4): 538 – 544.

Zhang H Q, Xu X J, He Z Y, et al, 2016. *De novo* transcriptome analysis reveals insights into different mechanisms of growth and immunity in a Chinese soft – shelled turtle hybrid and the parental varieties [J]. Gene, 605: 54 – 62.

Zhang H Q, Zhang C, Xu X J, et al, 2015. Differentiation of four strains of Chinese soft – shelled turtle (*Pelodiscus sinensis*) based on high resolution melting analysis of single nucleotide polymorphism sites in mitochondrial DNA [J]. Genetics and Molecular Research, 14 (4): 13144 – 13150.

Zhang J, Hu L L, Ren W Z, et al, 2016. Rice – soft shell turtle coculture effects on yield and its environment [J]. Agriculture, ecosystems and environment, 224: 116 – 122.

Zhu L M, Li Z Q, Li J L, et al, 2012. Genetic Diversity of Farmed Chinese Soft – Shelled Turtle (*Pelodiscus sinensis*) Evaluated from Microsatellite Analysis [J]. J Animal and Veterinary Advances, 11 (8): 1217 – 1222.

彩图1　山区稻田养鱼

彩图2　套养河蟹

彩图4　进水渠

彩图5　鳖　坑

彩图3　作为主要道路的田埂

彩图6　沟坑结合

彩图7　出水口防逃金属网

彩图8　防鸟网

彩图9　鱼沟上方防鸟网

彩图10　嘉禾优555

彩图11　秧　板

彩图12　机械插秧

彩图13　中华鳖日本品系

彩图14　清溪乌鳖

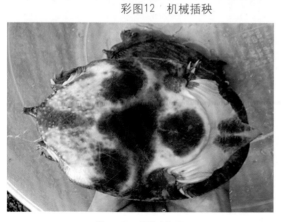
彩图15　浙新花鳖

彩图16　孵化室

彩图17 保温大棚培育

彩图18 膨化饲料

彩图19 尾水沉淀池

彩图20 鳖池种稻

彩图21 泥鳅

彩图22 杭鳢1号

彩图23 黄颡鱼

彩图24 小龙虾

彩图25 红螯螯虾

彩图26　泼洒豆浆　　　　　　　　　　彩图27　放养泥鳅

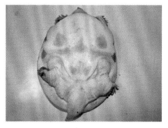

彩图28　白斑病　　　　　彩图29　白板病　　　　　彩图30　穿孔病

彩图31　粗脖子病1　　彩图32　粗脖子病2　　彩图33　头部畸形　　彩图34　头部坏死灶

彩图35　稻渔综合种养示范园区　　　　　彩图36　围　栏